大学计算机实践

王红　董世山　编著

清华大学出版社

北京

内 容 简 介

本书是《大学计算机概论》的配套用书,旨在补充和拓展大学计算机基础课程教学中的实践教学内容。全书共 6 章,主要内容包括微机的硬件系统、Windows 7 操作系统、文字处理软件 Word 2010、电子表格软件 Excel 2010、演示文稿软件 PowerPoint 2010 和计算机网络配置与应用,每章都包含精心设计的上机实践环节。

作为以应用为核心的教材,本书可以独立使用。本书案例丰富,讲解细致,具有很好的指导性,适合作为高等学校大学计算机基础课程的实践指导教材,也可作为计算机技术爱好者的自学参考书。

图书在版编目(CIP)数据

大学计算机实践/王红,董世山编著.—北京:清华大学出版社,2019
ISBN 978-7-302-53664-2

Ⅰ.①大…　Ⅱ.①王…②董…　Ⅲ.①电子计算机-高等学校-教材　Ⅳ.①TP3

中国版本图书馆 CIP 数据核字(2019)第 178059 号

责任编辑:谢　琛　战晓雷
封面设计:常雪影
责任校对:李建庄
责任印制:杨　艳

出版发行:清华大学出版社
　　　　　网　　　址:http://www.tup.com.cn,http://www.wqbook.com
　　　　　地　　　址:北京清华大学学研大厦 A 座　　　　邮　　编:100084
　　　　　社 总 机:010-62770175　　　　　　　　　　　邮　　购:010-62786544
　　　　　投稿与读者服务:010-62776969,c-service@tup.tsinghua.edu.cn
　　　　　质量反馈:010-62772015,zhiliang@tup.tsinghua.edu.cn
　　　　　课件下载:http://www.tup.com.cn,010-62795954
印 装 者:北京鑫海金澳胶印有限公司
经　　销:全国新华书店
开　　本:185mm×260mm　　　印　　张:11.25　　　字　　数:261 千字
版　　次:2019 年 10 月第 1 版　　　　　　　　　　　印　　次:2019 年 10 月第 1 次印刷
定　　价:39.00 元

产品编号:084845-01

前　言

本书按照教育部高等学校大学计算机课程教学指导委员会提出的大学计算机基础课程教学基本要求编写,是《大学计算机概论》的配套用书,在内容上是《大学计算机概论》的重要补充。本书注重实践操作技能和应用能力培养,是大学计算机实践教学的重要组成部分,是对大学计算机基本理论、基本技能的补充和拓展。

为了适应计算机技术快速发展的需要,满足读者的使用需求,我们按照重在实际应用、提高实践能力的原则设计了本书的内容和结构,使其内容更新颖,结构更合理。本书共 6 章,第 1 章介绍微机的硬件系统与中文输入,第 2 章介绍 Windows 7 操作系统,第 3 章介绍文字处理软件 Word 2010,第 4 章介绍电子表格软件 Excel 2010,第 5 章介绍演示文稿软件 PowerPoint 2010,第 6 章介绍计算机网络配置与应用。每章后面都附有精心设计的实践性较强的上机实践环节,以使学生掌握计算机应用方面的基本技能和实用技巧。

本书由王红、董世山编著。作为以应用为核心的教材,本书可以独立使用。本书案例丰富,讲解翔实,具有很好的指导性,适合作为高等学校大学计算机基础课程的实践指导教材,也可作为计算机技术爱好者的自学参考书。

由于编者水平有限且时间仓促,书中疏漏和不当之处在所难免,恳请广大读者不吝赐教。

编　者
2019 年 7 月

目　　　录

第1章 微机的硬件系统

1.1 主机系统

微型计算机硬件系统由主机和外部设备组成。主机一般是指硬件系统的核心部分，主要包括主板、微处理器、内存、显卡、电源以及各种输入输出接口等。外部设备是硬件系统的重要组成部分，通过输入输出接口与主机相连，外部设备除常见的外存、键盘、显示器、鼠标外，还包括打印机、扫描仪、U 盘、摄像头、耳机等。本节介绍决定微机性能的主要部件，包括这些部件的性能、主流产品型号及选择原则等内容。

1.1.1 微处理器

微处理器（microprocessor）也称 CPU（Central Processing Unit，中央处理器），是微机系统的核心部分，决定着微机系统整体性能的高低。目前微机的主流微处理器均由 Intel 和 AMD 两家公司生产。Intel 公司的酷睿（Core）系列微处理器占据市场的主要份额。

Intel Core 微处理器包括 i3、i5、i7、i9 系列产品。Intel Core i9 微处理器是 Intel 公司于 2017 年发布的微处理器，定位于"极致的性能与大型任务处理能力"。i9 系列产品采用全新的睿频加速技术，使微处理器性能有了大幅提升，可满足运行计算密集型工作的负载需求。i9 系列现有 18 核心 36 线程的产品面市。

Intel Core i7 系列属高性能微处理器，主流的产品是拥有 4 核心 8 线程、6 核心 12 线程和 8 核心 16 线程的微处理器。i7 系列具有高主频、大容量三级缓存等特性，适用于大型游戏、图形设计、视频编辑和多任务处理等对计算机性能有较高要求的用户。

Intel Core i5 系列产品是 i7 的低规格版本，多为 4 核心 4 线程和 6 核心 6 线程的微处理器，缓存容量和微处理器频率略低于同代 i7，不具有多线程特性。i5 系列和 i7 系列的主要区别在于多任务处理、大型设计、3D 软件优化等方面。大部分软件在 i5 系列和 i7 系列上的运行效率差异并不大，就用户而言，如果不确定是否需要超线程技术，i5 系列是比 i7 系列性价比更高的选择。

目前，主流的 Intel Core i3 系列产品以 4 核心 4 线程为主，不支持超线程技术，缓存比同代 i5、i7 系列也有所缩减。如果只是进行比较基础的工作，如文章编辑、网页浏览、文档制作和影音娱乐等，i3 系列完全可以满足日常的需求。而且 i3 系列的价格比 i7 系列便宜约 1/2,具有很高的性价比。

图 1-1 是 Intel Core i7-8700K 微处理器。下面是 Intel
Core i7-8700K 微处理器的主要参数。

型号:酷睿 i7-8700K;核心数量:6 核;线程数:12 线
程;主频:3.7GHz;三级缓存:12MB。

图 1-1　Intel Core i7-8700K
微处理器

1.1.2　主板

主板(mainboard)也叫系统板(systemboard)。主板和
CPU 一样,是微机中最关键的部件之一。它既是连接各个
部件的物理通路,也是各部件之间数据传输的逻辑通路。从
某种意义上说,主板比 CPU 更关键。因为几乎所有的部件都会连接到主板上,主板性能
的好坏将直接影响整个系统的运行情况。主板是微机系统中最大的一块电路板。当微机
工作时,数据从输入设备输入,由 CPU 处理,再由主板负责组织输送到各个部件,最后经
输出设备输出。

1. 主板的类型

主板是与 CPU 最紧密配套的部件,每出现一种新型的 CPU,都会推出与之配套的主
板控制芯片组,否则将不能充分发挥 CPU 的性能。通常,主板可以分为 ATX、Micro
ATX、Mini-ITX 等类型。

- ATX 主板。标准 ATX 主板也称“大板”,其主要特点是将键盘、鼠标、串口、并口、
  音频输出等接口直接设计在主板上,主板上有 6～8 个扩展插槽。
- Micro ATX 主板。Micro ATX 主板也称“小板”,保持了标准 ATX 主板背板上的
  外设接口位置,与 ATX 主板兼容。Micro ATX 主板把扩展插槽减少为 3～4 个,
  减小了主板宽度,比标准 ATX 主板结构更为紧凑。
- Mini-ITX 主板。Mini-ITX 是紧凑型迷你主板,其标准尺寸缩减至 170mm ×
  170mm,结构紧凑,可扩充性不大。Mini-ITX 主板最初面向商业和工业,包括汽
  车、机顶盒、瘦客户机和网络设备等,现阶段主要用于嵌入式系统、准系统及迷你
  主机(HTPC)等。

2. 微机主板的选择

在选择微机主板时,主要考虑以下 4 个方面。

(1) 考虑主板的微处理器插槽类型。

对应用户选择的微处理器,主板的 CPU 插槽必须与微处理器的接口类型相匹配。
例如,微处理器为 LGA 1151 接口的 Core i7-8700K,就必须选择插槽类型是 LGA 1151
的主板。

(2) 考虑内存的需求。

目前的微机一般需要支持 4GB 以上内存的主板。ATX 和 Micro ATX 主板一般都
配有 4 条或更多内存插槽;Mini-ITX 主板一般只有 2 条内存插槽,但也能够支持 2×
16GB 的容量。不同型号内存插槽的结构、引脚数和电压值可能不同,选择主板时要注意

内存条与内存插槽的匹配。多数情况下,应选择预留了插槽升级空间的主板。

(3) 考虑 PCI Express 插槽。

PCI Express 简称 PCI-E,是新一代总线接口。主板上一般提供 PCI-E X16、PCI-E X8、PCI-E X4 和 PCI-E X1 插槽。PCI-E X16 插槽最适合插显卡,PCI-E X8、PCI-E X4 和 PCI-E X1 插槽用于其他扩展功能。主板其实已经内置了部分功能,例如板载声卡和网卡等。如果需要更出色的功能,例如用户需要独立声卡、独立网卡和显卡等,就需要考虑 PCI-E 插槽的数量和标准。由于 PCI-E 接口向下兼容,还要考虑独立的扩展卡与 PCI-E 插槽的匹配,如果将 PCI-E X1 接口的声卡插在 PCI-E X16 插槽上,则造成资源的浪费。

(4) 考虑 SATA 接口的种类和数量。

主板上需要有足够的接口插入硬盘,还要考虑是否预留接口以方便未来升级。如果配备 SATA 接口的固态硬盘,需要 SATA 接口的传输速度达到 6Gb/s,即 SATA 3.0 标准,才能充分发挥固态硬盘的性能。除 SATA 接口之外,有时还要考虑其他常用接口,例如是否有足够数量的 USB 3.0 接口,是否有光纤音频接口,等等。

图 1-2 是技嘉 Z370 主板的图片。下面是技嘉 Z370 主板的主要参数。

型号:Z370 AORUS Ultra Gaming;适用类型: 台式机;芯片组厂商:Intel;CPU 插槽:LGA 1151; 支持 CPU 类型:第八代 Core i7/i5/i3, Pentium, Celeron;主板架构:ATX;支持内存类型:DDR4;内 存频率:4000(O. C.)/3866(O. C.)/3800(O. C.)/ 3733(O. C.)/3666(O. C.)/3600(O. C.)/3466(O. C.)/ 3400(O. C.)/3333(O. C.)/3300(O. C.)/3200

图 1-2 技嘉 Z370 主板

(O. C.)/3000(O. C.)/2800(O. C.)/2666/2400/2133MHz;USB 接口:1 个 USB 3.1 Type-A 接口,2 个 USB 3.1 Type-C 接口,6 个 USB 3.1 Gen1 接口,6 个 USB 2.0 接口; PCI-E 插槽:3 个 PCI-E X16 显卡插槽,3 个 PCI-E 3.0 X1 插槽;存储接口:2 个 M. 2 接口,6 个 SATA Ⅲ接口。

1.1.3 内存

内存(memory)是计算机中重要的部件之一,是与 CPU 进行沟通的桥梁。主要用于暂时存放 CPU 中的运算数据以及与硬盘等外部存储器交换的数据。由于计算机中的所有程序都是在内存中运行的,内存的性能及稳定性影响整个系统的稳定。

1. 内存的构造

内存主要由内存颗粒、PCB、金手指等部分组成。目前,市场上单个内存条的容量主要有 2GB、4GB、8GB、16GB 等。

- 内存颗粒。是内存最重要的核心元件,直接影响到内存的性能。
- PCB。其作用是连接内存芯片引脚与主板信号线。主流内存 PCB 层数一般是 8层,这类电路板具有良好的电气性能,可以有效屏蔽信号干扰。而一些高规格内存往往配备了 10 层 PCB,以获得更好的效能。

- 金手指。内存条上的黄色金属小条称为金手指,它直接影响内存的兼容性和稳定性。金手指采用化学镀金工艺,一般金属层厚度为 $3\sim5\mu m$,而优质内存的金属层厚度可以达到 $6\sim10\mu m$。通常较厚的金属层不易磨损,并且可以提高触点的抗氧化能力,使用寿命更长。

2. 内存的选择

选择内存时主要考虑以下两个方面。

(1)明确主板对内存的支持。

目前微机所采用的内存主要为 DDR3 和 DDR4 两种,DDR4 内存是目前的主流产品。由于不同类型的 DDR 内存从内存控制器到内存插槽都互不兼容,所以在选择内存时,需要明确主板支持的内存类型。

(2)选择合适的内存容量和频率。

内存的容量影响到系统整体性能。现在微机的内存通常在 4GB 以上。内存和 CPU 一样,有自己的工作频率,称为内存主频。内存主频越高,在一定程度上代表内存所能达到的速度,决定该内存最高能以什么样的频率正常工作。目前主流的内存频率为 DDR4 2400MHz 或 DDR4 2666MHz 等。

图 1-3 是金士顿 DDR4 8GB 内存。下面是金士顿 DDR4 内存的主要参数。

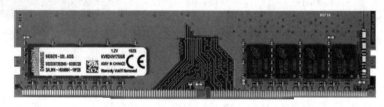

图 1-3　金士顿 DDR4 8GB 内存

内存类型:DDR4;内存主频:DDR4 2400MHz;内存容量:单条 8GB;颗粒封装:FBGA;包装:盒装。

1.1.4　显卡

显卡也称显示适配器,它是显示器与主机通信的控制电路和接口。显卡和显示器构成了微机的显示系统。

1. 显卡的功能

显卡是一块独立的电路板,安装在主板的扩展插槽中。在一体化(all-in-one)结构的主板上,显卡直接集成在主板中。显卡的主要作用就是在程序运行时根据 CPU 提供的指令和有关数据,对程序运行过程和结果进行相应的处理,并转换成显示器能够接收的文字和图形显示信号后,通过屏幕显示出来。换句话说,显示器必须依靠显卡提供的显示信号才能显示各种字符和图像。

2. 显卡的接口

从显卡与微机总线接口的角度看,显卡主要经历了 ISA、EISA、VESA、PCI、AGP、

PCI-E 等阶段。目前新出的显卡都是 PCI-E X16 接口。

3. 显卡的基本结构和参数

显卡上的主要部件有显示芯片、显示内存、VGA 接口、DVI 接口、HDMI 接口、DP 接口等。由于显卡发热量大,为了散热,通常在显示芯片上用导热硅胶粘上一个散热风扇(有的是散热片)。显卡功耗大,通常为其加一个 2 芯或 3 芯插座为其供电。

1) 显示芯片

显示芯片又叫 GPU (Graphic Processing Unit,图形处理单元或图形处理器),是显卡的核心芯片,它的性能直接决定了显卡的性能。它的主要任务是对通过总线传输过来的显示数据进行构建、渲染等处理,最后通过显卡的输出接口输出到显示器上。

2) 显示内存

显示内存简称显存,也称显卡缓冲存储器,用于存放显示芯片处理后的数据。在显示器上看到的图像数据都存放在显示内存中。目前显卡上常见的显示内存芯片类型以 DDR5 和 DDR6 为主。

图 1-4 是影驰 GeForce GTX 1660 Ti 大将显卡。下面是影驰 GeForce GTX 1660 Ti 大将显卡的主要参数。

型号:GeForce GTX 1660 大将;显卡类型:台式机显卡;芯片型号:NVIDIA GeForce GTX 1660 Ti;显卡接口标准:支持 PCI-E X16;显存容量:6GB;显存类型:GDDR6;显存传输速率:12Gb/s。

图 1-4　影驰 GeForce GTX 1660 Ti 大将显卡

1.1.5　电源

微机电源是一种安装在主机箱内的封闭式独立部件,它的作用是将交流电通过一个开关电源变压器转换为 +5V、−5V、+12V、−12V 和 +3.3V 等稳定的直流电,以供主机箱内各个部件使用。电源部件的质量对微机系统和各个硬件的工作稳定性及寿命有重要的影响。

1. 电源分类

微机电源从规格上可以分为 AT 电源、ATX 电源、SFX 电源(又称 Micro ATX 电源)、BTX 电源、TFX 电源等。早期的微机使用 AT 电源,这种电源不支持 Windows 系统关机,需要手动关闭电源。随着 ATX 电源的普及,AT 电源逐渐被取代。继 ATX 电源之后,Intel 公司又定义并推出了 BTX 电源,其工作原理与 ATX 电源相同,并且兼容了 ATX 技术,能更有效地利用散热设备,提升了机箱内各个设备的散热效能。但 BTX 电源内部结构与 ATX 有很大不同,与其配合的机箱也与 ATX 机箱有较大区别,在 ATX 电源已经普及和技术不断进步的背景下,BTX 电源遭遇了失败。TFX 电源是一种不太常见的小型化电源,其功率远低于 ATX 电源,主要应用在 NAS 和 Mini-ITX 机型中。现在 ATX 电源、SFX 电源是当之无愧的主流。

1) ATX 电源

ATX 电源是 Intel 公司于 1995 年提出的工业标准,历经了 ATX 1.0、ATX 2.01、

ATX 2.02、ATX 2.03 等阶段。现在国内市场上流行的是 ATX 12V 标准。和 AT 电源相比,ATX 电源在外形尺寸上变化不大,主要是增加了＋3.3V 和＋5V SB 两路输出和一个 PS-ON 控制信号,给主板供电的输出线改用 20 芯线或者 24 芯线。另外,取消了传统的电源开关,依靠＋5V SB 和 PS-ON 控制信号的组合来实现电源的开启和关闭、键盘开机、网络唤醒等功能。

2) SFX 电源

SFX 电源是为了与 Intel 公司于 1997 年推出的 Micro ATX 主板配套使用而设计的。AFX 电源集成度高,其体积从 ATX 的 150mm × 140mm × 86mm 缩小为 125mm × 100mm×63.5mm,功率也随之减小,但与 ATX 电源相互兼容。

2. 电源的性能指标

电源的性能指标主要有电源功率和电源效率。

1) 电源功率

电源功率可分为额定功率和峰值功率。额定功率是选购电源的重要指标,是指电源正常工作时长时间稳定输出的功率。峰值功率是指电源在较短的时间之内能达到的最大功率,通常仅能维持 30s 左右。峰值功率一般超过额定功率。选购电源时应考虑微机各部件的总功耗,尽量选择大功率的电源,以保障微机长时间稳定运行。

2) 电源效率

电源效率是指在输入标准交流电且满负载的情况下电源的输出功率与输入功率的百分比。在同等条件下,电源效率越高越省电。电源效率与电源的设计线路有密切的关系,高效率的电源可以提高电能的使用效率,在一定程度上可以降低电源的自身功耗和发热量,同时对电源的静音和稳定性都有好处。美国的 80Plus 电源效率认证是公认的最严格的电源节能规范之一,其规定金牌级别的电源效率要达到 90％以上。为了获得最佳的电源品质,同时也为环保做贡献,建议消费者在选购电源时尽量选择通过了 80Plus 电源效率认证的电源。

图 1-5　长城 G-750(92＋)电源

图 1-5 是长城 G-750(92＋)电源。下面是长城 G-750(92＋)电源的主要参数。

型号:G-750(92＋);类型:ATX 电源;额定功率:750W;峰值功率:850W;效率:93.7％;PFC:主动;接线类型:全模组。

1.2　外部设备

微机外部设备是指微机系统中连接主机的各种设备,包括外部存储设备(硬盘、U盘、光盘和存储卡等)、输入输出设备(键盘、鼠标、扫描仪、数码相机、显示器、打印机和声卡等)。本节介绍一些主要的外部设备,如硬盘、显示器、键盘等,包括这些部件的性能、主流产品型号及选择原则等内容。

1.2.1　硬盘

1. 机械硬盘

机械硬盘即硬盘驱动器,是微机中容量最大、使用最频繁的存储设备。机械硬盘的存储介质是若干个磁盘片。与 CPU、主板、显卡这一类主要依靠半导体技术的产品不同,机械硬盘是机械技术、材料技术、电磁技术和半导体技术等多方面技术的综合产品。

1) 机械硬盘分类

硬盘接口是硬盘与主机系统间的连接部件,作用是在硬盘缓存和主机内存之间传输数据。在微机系统中,硬盘接口的优劣直接影响数据传输速度和系统性能。从接口角度,硬盘接口分为 IDE、SATA、SCSI 和光纤通道 4 种,IDE 硬盘多用于早期的微机产品中,也部分应用于服务器。SATA 硬盘主要应用于微机市场,经历了 SATA、SATA Ⅱ、SATA Ⅲ三个阶段,目前 SATA Ⅲ是主流的硬盘接口。SCSI 硬盘主要应用于服务器。光纤通道硬盘用于高端服务器。

(1) IDE 硬盘。IDE 的英文全称为 Integrated Drive Electronics,即"电子集成驱动器",常见的 2.5 英寸 IDE 硬盘是指把硬盘控制器与盘体集成在一起的硬盘驱动器。IDE接口是并行接口,具有价格低廉、兼容性强的特点,曾是 PC 硬盘的主流产品,现在已被SATA 硬盘取代。

(2) SATA 硬盘。使用 SATA 接口的硬盘又叫串口硬盘,是目前微机硬盘的主流。SATA 采用串行连接方式,串行 ATA 总线使用嵌入式时钟信号,具备更强的纠错能力。SATA 硬盘的特点在于能对传输指令(不仅仅是数据)进行检查,如果发现错误会自动矫正,这在很大程度上提高了数据传输的可靠性。SATA 硬盘还具有结构简单、支持热插拔的优点。

(3) SCSI 硬盘。SCSI 的英文全称为 Small Computer System Interface(小型计算机系统接口),它不是专门为硬盘设计的接口,而是一种广泛应用于小型机上的高速数据传输技术。SCSI 接口具有应用范围广、多任务、带宽大、CPU 占用率低以及支持热插拔等优点,主要应用于中高端服务器和高档工作站中。

(4) 光纤通道硬盘。光纤通道的英文是 fibre channel,是专门为网络系统设计的接口技术。随着存储系统对速度的需求,这一技术才逐渐应用到硬盘系统中。光纤通道具有支持热插拔、带宽大、远程连接、连接设备数量大等特性。

2) 机械硬盘的主要性能指标

机械硬盘主要有以下 5 个性能指标。

(1) 硬盘容量。硬盘作为计算机中最主要的外部存储器,其容量是最重要的性能指标。硬盘的容量通常以 GB(即吉字节)和 TB(太字节)为单位。大部分硬盘厂家在为其硬盘标容量时以 1000B 为 1KB,而在计算机中则以 1024B 为 1KB,因此测试值往往小于其标称值。

(2) 硬盘速度。数据传输率是硬盘速度的重要指标,分为外部数据传输率和内部数据传输率。外部数据传输率是指硬盘的缓存与系统主存之间交换数据的速度;内部数据传输率指硬盘磁头从缓存中读写数据的速度。硬盘的数据传输率通常使用 MB/s(兆字节每秒)为单位,硬盘的数据传输率越高,表明其传输数据的速度越快。衡量硬盘速度的性能指标还包括平均寻道时间、平均等待时间和平均访问时间,这些都以 ms(毫秒)为单位。

(3)硬盘转速。硬盘转速(rotation speed)是标识硬盘档次的重要参数之一,硬盘的转速越快,则其寻找文件的速度也就越快,硬盘的数据传输率也就随之越高。硬盘转速以每分钟多少转(简称转)来表示,单位表示为 r/min(revolutions per minute,转每分)。7200 转的硬盘已成为台式机硬盘市场的主流。

(4)接口。硬盘接口主要包括 IDE、SCSI 和 SATA 等类型。在微机中,SATA Ⅲ接口硬盘仍占有很大份额,而 M.2 接口硬盘由于具有更多优势,正逐渐取代 SATA 接口硬盘。

(5)缓存。硬盘的缓存容量与速度直接关系到硬盘的数据传输率,缓存的容量越大,硬盘的数据传输率就越高。现在的硬盘大都采用 SDRAM 类型的缓存,缓存容量有 64MB、128MB、256MB 等。

图 1-6 希捷 SATA3 硬盘

图 1-6 是希捷 SATA3 硬盘。下面是希捷 SATA3 硬盘的主要参数。

容量：8TB;转速：7200r/min;缓存容量：256MB;盘体尺寸：3.5 英寸;接口标准：SATA Ⅲ;传输标准：SATA 6.0Gb/s。

2. 固态硬盘

固态硬盘(Solid State Drive,SSD)是固态电容硬盘的简称。固态硬盘是利用电流来记录数据信息的,没有机械结构,读写速度相对机械硬盘要快得多。此外,它还具有体积小、重量轻、无噪音、功耗小、发热少和不怕振动和冲击等优点。近年来,随着技术的快速发展,固态硬盘容量不断增大,速度越来越快,价格也越来越亲民,市场占有率不断攀升,现已成为购机必选部件。

1)固态硬盘内部结构

固态硬盘是由闪存颗粒、主控芯片、缓存、接口、固件和 PCB 等组合起来的一块电子集成板。在这些部件中,成本最高的是闪存颗粒,技术含量以及核心技术最高的则是主控芯片。

(1)闪存颗粒。它是用来存储数据的,是固态硬盘最重要的部分。闪存颗粒按照存储原理不同分为 SLC(Single-Level Cell,单层单元)、MLC(Multi-Level Cell,多层单元)以及 TLC(Trinary-Level Cell,三层单元),在存取速度、使用寿命上 SLC 优于 MLC,MLC 又优于 TLC;在成本价格上 TLC 最便宜,SLC 最贵。近年来,随着 3D NAND 技术的发展和主控芯片的改进,使得 TLC 在容量、速度和寿命上有了很大提升,是当下主流厂商首选闪存颗粒。

(2)主控芯片。是一种嵌入式微芯片,常被比喻成固态硬盘的大脑,是固态硬盘的核心部件。其功能是合理调配数据在各个芯片上的负荷,连接闪存颗粒和外部接口,承担所有数据中转、读写、删除等操作。不同主控芯片在算法、数据处理能力上相差很大,直接导致固态硬盘在性能、寿命上的不同。

(3)缓存。其作用与机械硬盘中的缓存类似,起到数据交换时的缓冲作用,但对固态硬盘速度影响远没有机械硬盘中的缓存大。正因为如此,许多厂商根据固态硬盘产品定位和用途来决定是否带有缓存。一般入门级产品或低价产品不带缓存;而一些高速产品就设计有缓存,用来提高产品的读写效率。通常带有缓存的固态硬盘在价格上比不带缓存的高一些。

(4)接口。硬盘接口是硬盘与主机系统之间的连接部件,其作用是在硬盘和主机之间传输数据。不同的硬盘接口决定硬盘与微机之间的连接速度,其优劣直接影响程序运行快慢和系统性能好坏。目前市面上流行的固态硬盘的接口类型主要有 SATA 接口、mSATA 接口、M.2 接口和 PCI-E 接口。

2)固态硬盘主要性能指标

固态硬盘的主要性能指标是容量和速度。

(1)容量。固态硬盘主要用来安装操作系统和存放数据,对大容量的追求是无止境的。理论上,同品牌、同系列的固态硬盘容量越大,则速度越快,寿命越长。固态硬盘目前以 256GB、512GB 为主流产品。

(2)速度。固态硬盘的速度是衡量固态硬盘性能的重要指标之一。速度主要由主控芯片决定,带有缓存的固态硬盘对速度提升也有一定帮助。可以通过接口类型粗略估计出固态硬盘的速度,例如 SATA Ⅲ 接口的固态硬盘速度不会超过 600MB/S,而 M.2 接口的固态硬盘速度可达 3500MB/S。

图 1-7 是三星 970 PRO 固态硬盘。下面是三星 970 PRO 固态硬盘的主要参数。

图 1-7　三星 970 PRO 固态硬盘

容量:512GB;连续读取速度:不超过 3500MB/s;连续写入速度:不超过 2300MB/s;缓存容量:512MB;接口类型:PCI-E Gen 3.0 X4,NVMe 1.3;主控:三星 Phoenix 控制器;闪存类型:三星 V-NAND 2-bit MLC。

1.2.2　显示器

显示器又称为监视器(monitor),是微机最主要的输出设备之一,是人与微机交互的桥梁。显示器的发展经历了从黑白到彩色、从模糊到清晰、从小到大的诸多变化,功能也不断完善。目前 CRT(显像管)显示器已经不太多见,主流市场已是液晶显示器的天下。下面介绍选购液晶显示器应注意的性能指标。

（1）响应时间。响应时间的快慢是衡量液晶显示器好坏的重要指标。响应时间是指液晶显示器对于输入信号的反应速度。越好的显示器，响应时间越小。

（2）面板类型。目前主流面板主要有 VA、TN 和 IPS 等类型。VA 的优点是对比度高，亮度较高，可视角度大，缺点是响应时间长。TN 的优点是生产工艺成熟，成本低，刷新率高，缺点是可视角度小，适合商务办公、普通文件处理等场合。IPS 的优势是可视角度大，色彩还原准确，缺点是会有不同程度的漏光，价格较贵，适合经常看电影、打游戏等对画质要求较高的用户。

（3）接口。显示器接口是主机与显示器之间传递信息的桥梁，接口类型对图像输出的质量、速度等都有影响。接口类型有 Type-C、DP、HDMI、DVI、VGA、USB、音频输出等。目前的显示器一般有几种接口，方便与不同接口的设备连接，提高了显示器的兼容性和扩展性。

（4）分辨率。分辨率决定了计算机屏幕上显示多少信息，决定了显示器画面的颜色是否真实、细腻，层次是否丰富、立体。分辨率用水平和垂直像素来衡量，屏幕分辨率低时，在屏幕上显示的像素少，但尺寸比较大，画质较模糊；屏幕分辨率高时，在屏幕上显示的像素多，但尺寸比较小，画质较清晰。支持 2K 分辨率（2560×1440）的显示器是目前的主流产品，可以满足一般的视频观赏、游戏体验或制图设计。

此外，屏幕尺寸、屏幕比例、点距、亮度、对比度等性能参数可以根据用户的使用环境、习惯和条件进行选择。

图 1-8 是三星曲面电竞显示器 C49HG90DMC。下面是三星曲面电竞显示器 C49HG90DMC 的主要参数。

图 1-8　三星曲面电竞显示器 C49HG90DMC

面板类型：VA；面板尺寸：48.9 英寸；屏幕比例：32∶9；最佳分辨率：3840×1080；响应时间：1ms；接口：2 个 HDMI 接口，1 个 DP 接口，2 个 USB 接口。

1.2.3　键盘

键盘是微机最基本、最常用、最重要的输入设备，主要作用就是将字符信息和控制命令输入微机，实现人机交互。目前市面上主要有机械键盘、薄膜键盘、静电容键盘等类型。

机械键盘具有耐用、手感好、工艺灵活等优点，缺点是不防水、价格高，适合游戏玩家和文字录入工作量大的工作者。薄膜键盘优点是廉价、防水、静音，缺点是手感差、寿命短，因为价格优势，薄膜键盘是市场保有量和销售量最大的一类，常用于普通家庭和办公场所。静电容键盘具有寿命长、按键灵敏、反应速度快、无键位冲突等优点，缺点是手感偏软、成本高、售价高，常用于特殊设备，例如大型医疗设备。图 1-9 是罗技 G610 机械键盘。下面是罗技 G610 机械键盘的主要参数。

图 1-9　罗技 G610 机械键盘

键盘标准：104 键；接口：USB；轴体类型：红轴；传输方式：线缆。

键盘可以分主键盘区、功能键区、控制键区和小键盘区 4 个区域，如图 1-10 所示。

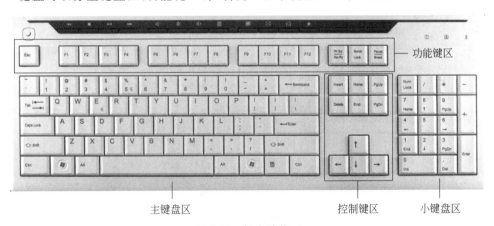

图 1-10　键盘功能区

1. 常用键的功能

Enter 键（回车键）：表示命令结束，用于确认或换行。

Caps Lock 键（大小写字母转换键）：按一次 Caps Lock 键，键盘右上角 Caps Lock 指示灯亮，此时输入的字母均是大写字母；再按一次 Caps Lock 键，键盘右上角 Caps Lock 指示灯灭，此时输入的字母均是小写字母。

Shift 键（上挡键）：有些字符键位有上下两种符号，分别称为上挡字符和下挡字符，按住 Shift 键，再按下字符键位，则输入上挡字符。

BackSpace 键（退格键）：按一下 BackSpace 键，可以删除光标前面的一个字符。

Delete 键(删除键)：按一下 Delete 键，可以删除光标后的一个字符。

Tab 键(制表键)：按下 Tab 键，光标或插入点将向右移一个制表位。

Esc 键(退出键)：按下 Esc 键，一般可退出或取消操作。

Alt 键(转换键)和 Ctrl 键(控制键)：这两个键需要与其他键配合使用，在不同的环境中功能也不同。如 Alt＋Tab 键可以实现在多个打开的窗口之间切换。

Insert 键(插入键)：在文本编辑状态下，Insert 键用于在"插入"和"改写"状态间切换。

Num Lock 键(数字锁定键)：按一次 Num Lock 键，键盘右上角 Num Lock 指示灯灭，表示锁定数字键盘，此时小键盘区不可用；再按一次 Num Lock 键，键盘右上角 Num Lock 指示灯亮，此时小键盘区将恢复可用状态。

Print Screen 键(打印屏幕键)：将屏幕当前内容复制到剪贴板或打印机上。

Windows 键 ▦ ：按下该键，屏幕出现 Windows 操作系统的"开始"菜单和任务栏。

2. 键盘基本指法

将左右手手指放在基准键位上。键盘的 A、S、D、F 和 J、K、L、；这 8 个键为基准键位，输入时，左右手的 8 个手指(拇指除外)从左至右依次放在这 8 个基准键位上，双手拇指轻放在空格键上。输入时，左右手手指由基准键位出发分别击打各自键位。左右手手指分工如图 1-11 所示。

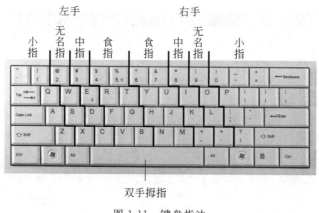

图 1-11　键盘指法

1.3　微机的维护及常见故障的排除

现在的微机已经进入超大规模集成电路时代。从维修的角度来看，随着芯片的集成度越来越高，机上所用的单个元器件越来越少。微机维修的概念已从单纯的硬件元器件的维修逐步过渡到硬件维修与软件检测、诊断相结合的形式。可以说，真正的零件级维修已经不存在，而绝大部分采取更换与替代或屏蔽的方法，这就使得维修微机更为方便易行。

本节介绍微机系统故障的产生原因，软硬件故障检测与维修的基本步骤和方法等。

1.3.1　微机系统故障的产生原因

1. 硬件故障

硬件引起的故障有印制电路板故障、集成电路故障、元器件故障等。

制造工艺或材料质量缺陷将会引起插头、插件板、接插件间的接触不良、碰线、断头问题，以及导线和引脚的虚焊、漏焊、脱焊、短路等问题。另外，还存在印制电路板被划伤、出现裂痕，线间或引脚孔之间或金属孔之间距离过近等问题。若元器件存在以上问题，在开始使用时可能还算正常，但随着外界环境的影响，如受潮、灰尘、发霉、震动等，就会发生故障。

集成电路、元器件故障主要是由于采用了质量不够好的元器件，使用一段时间后造成性能下降、参数变坏，或者由于使用不当，如过压、过流、温度过高、静电等造成集成电路和元器件的损坏。

除因使用不当引起的故障外，还有很多故障是由于设备生产、组装质量造成的。对于品牌机，由于其装配工艺、检测设备、器件筛选等规范可靠，故障相对较少；而组装的兼容机出现故障的可能性较大。

2. 病毒影响

计算机病毒对微机系统有极大的危害，常造成数据丢失、系统不能运行等问题。目前，已知的微机病毒有几万种。不同的病毒对计算机所造成的危害不同，其主要作用是破坏操作系统，破坏文件、数据，毁坏存储器中存储的信息，降低微机运行速度，干扰微机正常工作，破坏微机的运行等。因此，要重视和加强防病毒措施，及时检测，及时发现，及时消除。需要建立定期检测制度，以便及时发现、清除病毒；还要安装具有即时防毒能力的杀毒软件。对于在正常操作情况下出现的故障现象，应首先排除病毒影响，再进行其他检测和维修。

3. 人为原因

由于操作者不遵守操作规程，不注意操作步骤，常会引起微机故障。人为原因引起的故障分硬故障和软故障两种。例如，频繁地开关机，在加电时插拔连接线或接口卡，搬动主机箱，主机箱受到较大震动等，都容易造成硬故障。软故障的原因包括软件设置不正确、随意删除文件、软件版本不兼容等。软故障虽然能够用软件方法恢复，但降低了微机的使用效率，造成短期不能正常使用。因此，微机的软硬件操作应严格按规定进行，包括开机、关机、启动等操作以及软件系统的安装和使用等。在不了解正确操作方法和规程之前，不要随意操作，以减少人为因素造成的故障。

4. 温度原因

微机在环境温度 $10 \sim 30$℃ 范围内均能正常工作。如果通风不良，或机箱内装入了较多的接口卡，都会使机箱内的热量增加，导致机箱内局部区域温度急剧升高，使集成电路芯片和对高温敏感的元器件的温度急剧升高。

工作温度过高，对电路中的元器件影响最大。首先会加速其老化程度；其次，过热会使芯片插脚焊点脱焊，过热或过冷还会使芯片内部或芯片与连接引线之间发生断裂。当温度高达一定值时，会造成间断性的数据错误或数据丢失，导致磁盘故障、磁盘片上信息丢失等。出现这种故障时，对于正在进行操作的微机系统，应立即停止操作，进行加速散热处理后,采取相应的降温措施,或进行间断性工作。

5. 环境原因

微机系统运行产生的静电以及电子设备周围产生的磁场等往往最容易吸附带电的灰尘微粒,而环境湿度越低,则这种情况越严重。如果对灰尘不加以清除,就会越积越多,可能造成微机系统故障。例如,堆积在电路和元器件上的灰尘及杂质使其与空气隔绝,妨碍了散热,从而导致电路和元器件散热不良,易于损坏;电路和元器件上的灰尘降低了电路的绝缘性能,尤其在湿度较高时更为严重,导致电路中数据传输和控制失效,从而导致微机系统的故障;灰尘对微机系统的机械部分也有极大的影响,例如打印机机械传动机构、导轨等极易受灰尘的影响,造成过热、运动不良等问题,从而不能正常工作。

此外,电磁辐射也会造成微机系统故障。电磁辐射干扰会使微机系统工作失常或遭到破坏,如造成程序运行停止、出错,磁盘读写错误,显示信息混乱,死机,数据丢失,主板上元器件损坏,等等。

1.3.2　微机系统故障的检测步骤和原则

微机系统的故障检测是一项非常复杂的工作,涉及的知识面也非常广泛,既要有一定的理论知识,又要有相当丰富的实践经验。微机系统故障涉及硬件知识,检测时既要进行动态的通电检测,又要进行静态的断电检测。同时,故障检测还涉及软件知识,包括操作系统、文件结构、软件系统特征等方面的内容。作为微机使用人员,要全部掌握以上内容有一定的困难。下面介绍一些故障检测的基本步骤、基本方法,为使用者提供基本的故障检测手段,从而在发生微机故障时可以大致确定故障的可能部位,解决一般的使用问题,避免导致更大的故障产生。

1. 微机系统故障的检测步骤

微机系统故障的检测大致可参考下列步骤进行。

(1) 先区分是软件故障还是硬件故障。

当微机加电启动时能进行自检,并能显示自检后的系统配置情况,则表明微机系统主机硬件基本上没有问题,故障的原因是软件引起的可能性比较大。

(2) 再具体确定是系统软件故障还是应用软件故障。

如果是系统软件故障,则应重新安装系统软件;如果是应用软件故障,则应重新安装应用软件。

(3) 检测硬件故障。

如果是硬件故障,则先要分清是主机故障还是外部设备故障,即从系统到设备,再从设备到部件。

从系统到设备是指微机系统发生故障后,要确定是主机、键盘、显示器、打印机、硬盘等设备中的哪一个出了问题。这里要注意关联部分的故障,例如主机接口出现故障,有可能表现为外部设备故障。

从设备到部件是指如果已确定主机有故障,则应进一步确定是内存、CPU、BIOS、显卡等部件中的哪一个有问题。

总之,微机系统故障的检查步骤是:由软到硬,由大到小,由表及里,循序渐进。对于微机用户来说,只要能将故障确定到部件一级即可。如果需要,应联系专业的维修人员来解决。

2. 微机故障的检测原则

在微机故障的检测中一般应遵循以下的原则。

(1) 由表及里。

进行故障检测时,先从表面现象(如机械磨损、插件接触是否良好、有无松动等)以及微机的外部部件(开关、引线、插头、插座等)开始检查,然后再检查内部部件。在内部检查时,也要按照由表及里的原则,即首先直观地检查有无灰尘影响、有无器件烧坏以及器件接插情况等。

(2) 先电源后负载。

微机系统的电源故障影响最大,是比较常见的故障。检查时应从供电系统到稳压电源,再到微机内部的直流稳压电源。先检查电源的电压,若各部分电源电压都正常,再检查微机系统本身。这时也应先从微机系统的直流稳压电压查起,若各直流输出电压正常,再查以后的负载部分,即微机系统的各部件和外设。

(3) 先外设后主机。

微机系统是由以主机为核心,外加若干外部设备构成的系统。从价格和可靠性等来说,主机都要优于外部设备。因此,在故障检测时,要先确定是主机问题还是外部设备问题。可以先断开微机系统的所有外设与主机的连接,但要保留显示器、键盘和硬盘,再进行检查。若有外部设备故障,则应先排除外部设备故障,再检查主机故障。

(4) 先静态后动态。

维修人员在维修时应该先进行静态(不通电)直观检查或静态测试,在确定通电不会引起更大的故障后(如供电电压正常、负载无短路等),再通电,让微机系统工作,进行动态检查。

(5) 先常见故障后特殊故障。

微机系统的故障原因是多种多样的,有的故障现象相同但引起的原因可能各不相同。在检测时,应先从常见故障入手,或先排除常见故障,再排除特殊故障。

(6) 先简单后复杂。

微机系统故障种类繁多,性质各异。有的故障易于解决,排除简单,应先解决;有的故障难度较大,则应后解决。因为有的故障虽然看似复杂,但可能是由简单故障连锁引起的,所以,先排除简单故障可以提高工作效率。

(7) 先公共性故障后局部性故障。

微机系统的某些部件故障影响面大,涉及范围广,如主板上的控制器不正常会使其他部件都不能正常工作,所以应首先予以排除,然后再排除局部性故障。

(8) 先主要后次要。

微机系统不能正常工作,其故障可能不止一处,有主要故障和次要故障之分。例如,同时发生系统硬盘不能引导和打印机不能打印故障,在这里,很显然硬盘不能正常工作是主要故障。一般影响微机基本运行的故障都属于主要故障,应首先解决。

1.3.3　常用维修方法和工具

微机的故障维修通常包括故障诊断和故障排除两个步骤。故障诊断是指根据故障现象通过适当的方法确定故障的具体原因和位置，也就是进行故障的定位。所以说，故障诊断是维修的基础，也是维修的主要内容和技术难点。故障定位后就可以比较容易地对症下药，更换故障部件，迅速排除故障，恢复系统的正常运行。

查找系统故障的一般原则是"先软后硬，先外后内"。所谓先软后硬，就是出现故障后应该首先从软件和操作方法上来分析原因，看是否能够发现问题并找到解决办法。所谓先外后内，就是在发现故障后要仔细观察和分析故障现象与错误提示，首先从外围着手，由表及里、由易到难地查找故障。

1. 软件故障的查找方法

软件故障是一个很复杂的现象，不但要观察程序、系统本身，更重要的是要看出现了什么错误信息，根据错误信息和故障现象来分析并确定故障原因。

1）系统软件故障

有些软件在运行时对操作系统版本有一定的要求，只有保证软件所需的环境和设置条件，软件才能正常运行。

2）程序故障

对于程序故障，需要检查程序本身的编写是否正确，程序是否完整，程序的装入方法是否正确，程序的操作步骤是否正确，有没有相互影响和制约的软件，等等，所有这些都应当逐一查找和排除。

3）计算机病毒

目前，计算机病毒对计算机系统的影响非常大，它不但影响软件和操作系统的运行，还影响打印机、显示器的正常工作。由于一般的微机用户对计算机病毒不太了解，所以在遇到一些莫名其妙的现象时，往往以为是计算机系统出了故障，但实际上是计算机病毒的原因。此时应使用杀毒软件查杀病毒。

2. 硬件故障的查找方法

查找硬件故障时，一般根据故障现象进行大致分类，在掌握系统基本组成和基本原理的基础上，根据经验确定故障范围和可疑对象，然后利用下面的具体方法逐项排除，从而进行故障的最后定位。

1）硬件故障的人工查找方法

硬件故障的人工查找方法主要有以下 5 种。

(1) 直接观察法。利用人的感觉器官检查是否有过热、烧焦、变形现象，是否有异常声音，是否有短路、接触不良现象，保险丝是否熔断，接插件是否松动，元器件是否有生锈和损坏的明显痕迹等。直观检查法简便易行，是查找故障的第一步，很多明显的故障可以通过直观检查被发现。

(2) 敲击手压法。利用适当的工具轻轻敲击可能产生故障的部件，或用手将各种接插件、集成电路芯片等一一压紧，以便保证接触良好。这种方法适于检查焊点虚焊、接头松动等引起的接触不良故障。

（3）分割缩小法。逐步隔离系统的各个部件,缩小故障范围,直至最后将故障定位。例如,对于死机的故障,可以将系统内的各种适配器(卡)逐一脱离总线,并重新启动系统。一旦拔出某个卡后,系统恢复工作,即可判断故障在该卡上。

（4）拔插替换法。用相同功能的系统部件替换故障计算机的部件,用好的元器件替换怀疑有故障的元器件,或者将计算机中相同的部件或器件进行交换,以便迅速找到确切的故障位置。

（5）静态和动态测量法。静态测量一般是指用万用表的电阻挡测量电路的通路、断路、短路情况和元器件的好坏,用电压挡测量某一状态下的静态工作电压,从而分析故障原因。动态测量则是指用逻辑测试笔、示波器等测量仪器对有关各点的电平及变化情况、脉冲波形和相互时间关系等进行观察分析,有时还需要运行某些软件配合测量。

2）硬件故障的软件自动诊断法

（1）利用 ROM BIOS 的上电自检程序 POST 判断故障部件。

POST 是固化在 ROM 中的,只要微机的电源一接通就自动进行检查测试(简称上电自检)。POST 从硬件核心出发,依次对 CPU 及其基本数据路、内存储器(RAM)和接口各功能模块进行检查。如果这些检查测试正常通过,则显示正常信息并发出正常的声响,然后进入操作系统。如果通不过自检,一般会显示出错标志并发出出错提示,以指出故障部件。POST 是上电自动执行的,不需要用户的干预,但根据它给出的提示信息可以大致判断出故障范围。运行 POST 的基本条件是 CPU 及其基本的外围电路、ROM 和至少 16KB 的 RAM 能够正常工作,否则 POST 无法运行。

（2）运行诊断程序。

如果系统出现了故障,不能启动,但可以通过软件启动,则可以通过故障诊断程序对计算机进行检查,通过诊断程序的出错代码了解发生故障的设备和故障的性质。

1.4　上机实践

1.4.1　上机实践 1

（1）观察微型计算机硬件中的外部设备,例如键盘、显示器、鼠标、打印机、扫描仪、U盘、摄像头、耳机等。在条件允许的情况下,断开键盘、鼠标、打印机等外部设备与主机之间的连接后再重新连接;观察主机上的键盘、鼠标、打印机接口,比较其插口形状的异同。

（2）使用 Windows 的控制面板查看计算机属性,了解自己使用的计算机的 CPU、内存、硬盘等设备的情况,也可以观察自己的智能手机的 CPU、内存和手机卡容量等指标。

1.4.2　上机实践 2

（1）准备微机组装部件及装机工具,列出装机注意事项,做好准备工作。

（2）安装主板、微处理器、内存条、显卡、硬盘、电源等机箱内设备。

（3）连接键盘、鼠标、显示器等外设,并在教师指导下测试微机是否能正常启动。

第 2 章　Windows 7 操作系统

2.1　Windows 启动、退出与帮助

2.1.1　Windows 启动

打开计算机的电源开关后,计算机会自动运行 Windows 7。在 Windows 7 启动的过程中,系统会进行自检,并初始化硬件设备。在系统正常启动的情况下,会直接进入 Windows 7 的登录界面。在密码文本框中输入密码后,按 Enter 键,便会进入 Windows 7 系统。

2.1.2　Windows 退出

在关闭或重新启动计算机之前,应先退出 Windows 7 系统,否则可能会破坏一些没有保存的文件和正在运行的程序。用户可以按以下步骤安全地退出系统。

(1) 关闭所有正在运行的应用程序。

(2) 在"开始"菜单中选择"关机"选项,打开如图 2-1 所示的"关机"菜单,并根据需要选择"切换用户""注销""锁定""重新启动""休眠"或"关机"选项,即可实现相应功能。

2.1.3　Windows 帮助

Windows 7 提供了功能强大的帮助系统。当用户在使用计算机的过程中遇到了疑难问题无法解决时,可以在帮助系统中寻找解决问题的方法。

1. 帮助窗口

在"开始"菜单中选择"帮助和支持"选项后,即可打开"Windows 帮助和支持"窗口,如图 2-2 所示。这个窗口为用户提供了帮助主题、指南、疑难解答和其他支持服务。

Windows 7 的帮助系统以网页的风格显示内容,以超链接的形式打开相关的主题,用户可以很方便地找到自己所需要的内容。通过帮助系统,用户可以快速地了解 Windows 7 的新增功能及各种常规操作。

2. 联机帮助

要随时保证 Windows 7 的帮助内容是最新的,需要用到 Windows 7 的联机帮助。默

图 2-1　"关机"菜单

图 2-2　"Windows 帮助和支持"窗口

认情况下，如果在打开帮助和支持中心的时候，系统已经连接到了 Internet，那么 Windows 7 会自动使用联机帮助。如果系统设置为不使用联机帮助或者系统没有连接到 Internet，那么 Windows 7 就会使用脱机帮助。

如果想知道当前正在使用的是联机帮助还是脱机帮助，只要查看一下如图 2-2 所示的"Windows 帮助和支持"窗口右下角的状态按钮即可。如果显示的是"联机帮助"，那么当前使用的就是联机帮助；如果显示的是"脱机帮助"，那么当前使用的就是脱机帮助。除此之外，还可以通过该窗口右下角的状态按钮在两种模式之间进行切换。

如果网络速度比较慢，那么在使用联机帮助的时候，整个帮助系统的内容显示速度都会受到影响，这属于正常现象。

2.2　Windows 桌面组成及操作

2.2.1　桌面元素

用户第一次登录刚安装好的 Windows 系统时，可以看到一个非常简洁的屏幕画面，整个屏幕区域就是桌面。Windows 7 默认的桌面只有一个回收站的图标，这样桌面看起来很整洁，但是人们在使用时却很不方便，希望能把经常使用的图标放在桌面上。操作如下：在桌面空白处右击，在弹出的快捷菜单中选择"个性化"命令，或者在"开始"菜单中选择"控制面板"选项；在打开的"控制面板"窗口中选择"个性化"选项，然后在打开的窗口中单击左侧窗格中的"更改桌面"选项，会弹出"桌面图标设置"对话框，如图 2-3 所示；选择自己经常使用的图标，单击"确定"按钮，这时便可以在桌面上看到系统默认的图标，这些图标称为桌面元素。

图 2-3　"桌面图标设置"对话框

（1）"计算机"图标。用户通过该图标可以实现对计算机硬盘驱动器、文件夹和文件的管理，也可以访问连接到计算机的照相机、扫描仪和其他硬件。

（2）"用户的文件"图标。用于管理"个人文档"下的文件和文件夹，可以保存信件、报告和其他文档，是系统默认的文档保存位置。

（3）"网络"图标。用于访问网络中其他计算机上的文件和文件夹。在双击该图标打开的窗口中，用户可以查看工作组中的计算机、查看网络位置及添加网络位置等。

（4）"回收站"图标。在回收站中暂时存放着用户已经删除的文件或文件夹等，当没有彻底清空回收站时，可以从中还原被删除的文件或文件夹。

2.2.2　任务栏

任务栏是位于屏幕底部的水平长条，显示了系统正在运行的程序和打开的窗口、当前时间等。用户可以通过任务栏完成许多操作，还可以对它进行一系列的设置。

任务栏可分为 5 个主要部分，如图 2-4 所示。

"开始"按钮　　　　程序按钮区　　　　　　　　　　　　　　通知区

　　　快速启动栏　　　　　　　　　　　　　　　　　　　　显示桌面按钮

图 2-4　任务栏

（1）"开始"按钮。用于弹出"开始"菜单。

（2）快速启动栏。等同于快捷方式，可以在不显示桌面的情况下快速找到应用程序。

（3）程序按钮区。显示已打开的程序和文件，并可以在它们之间进行快速切换。

（4）通知区。包括时钟及一些告知特定程序和计算机设置状态的图标。

（5）显示桌面按钮。一键最小化所有窗口，显示桌面。

2.2.3　菜单

Windows 7 中有 3 种经典菜单形式："开始"菜单、下拉式菜单和弹出式快捷菜单。

1. "开始"菜单

"开始"菜单是打开计算机程序、文件夹和调整设置的主门户。之所以称之为"菜单"，是因为它提供了一个选项列表。至于"开始"的含义，则在于它通常是用户要启动或打开某项内容的位置。

使用"开始"菜单可执行以下常见的操作：启动程序，打开常用的文件夹，搜索文件、文件夹和程序，调整计算机设置，获取有关 Windows 操作系统的帮助信息，关闭计算机，注销 Windows 或切换到其他用户账户。

若要打开"开始"菜单，可单击屏幕左下角的"开始"按钮 ，或者按键盘上的 Windows 徽标键 ，如图 2-5 所示。

图 2-5   "开始"菜单

"开始"菜单分为 4 个基本部分。

（1）左侧的大窗格显示计算机上程序的一个短列表。计算机根据近期应用程序使用情况自动排列此列表，所以其具体项目会有所不同。单击"所有程序"可显示程序的完整列表。

（2）左侧窗格的底部是搜索框，通过输入搜索关键字可在计算机上查找程序和文件。

（3）右侧窗格提供了对常用文件夹、文件、设置和功能的访问。

（4）右侧底部是关机按钮。单击右侧的展开按钮，还可以进行切换用户、注销、锁定、重新启动和休眠等操作。

2．下拉式菜单

位于应用程序窗口标题栏下方的菜单栏均采用下拉式菜单方式，如图 2-6 所示。下拉式菜单中含有若干个选项，为了便于使用，选项按功能分组，分别放在以横线分隔的不同组里。当前能够使用的有效选项以深色显示，无效选项则呈浅灰色。如果菜单选项旁带有"…"，则表示选择该选项将弹出一个对话框，以便用户输入必要的信息或做进一步的选择。系统通过隐藏用户最近未使用的选项来保持菜单的简洁，可以通过单击菜单底部的箭头打开整个菜单。

3．弹出式快捷菜单

这是一种随时随地为用户服务的上下文相关的弹出式菜单。将鼠标指针指向某个对象或屏幕的某个位置并右击，即可弹出一个快捷菜单。该菜单列出了与用户正在执行的操作直接相关的选项。例如，将指针指向一个文件并右击，将会弹出如图 2-7 所示的快捷菜单,从中可以看出,菜单的内容都是与该文件有关的选项。

图 2-6 下拉式菜单　　　　　　图 2-7 上下文相关的弹出式快捷菜单

快捷菜单中的选项是上下文相关的,根据右击时鼠标指针所指的对象和位置的不同,弹出的菜单选项也不同。快捷菜单的这些特性体现了面向对象的设计思想。快捷菜单是一项非常实用的功能,在具体操作时应多加利用。

2.2.4 图标的创建与排列

1. 创建桌面图标

桌面上的图标实质上是打开各种程序和文件的快捷方式,用户可以在桌面上创建自己经常使用的程序或文件的图标,使用时直接在桌面上双击图标即可快速启动该项目。创建桌面图标的操作如下:

(1)在桌面上的空白处右击,在弹出的快捷菜单中选择"新建"选项。

(2)选择"新建"选项的子菜单中的选项,可以创建各种形式的图标,如文件夹、快捷方式、文本文档等,如图 2-8 所示。

(3)当用户选择了要创建的选项后,在桌面上会出现相应的图标,用户可以为它命名,以便于识别。

2. 排列图标

当用户在桌面上创建了多个图标时,如果不进行排列,会显得非常凌乱,这样既不利于选择需要的项目,又影响了视觉效果。为了使桌面上看上去整洁且有条理,需要对这些图标按一定规则排列。在桌面或文件夹的空白处右击,在弹出的快捷菜单中选择"排序方式"或"查看"选项,在其子菜单中包含了多种排列方式,如图 2-9 所示。

图 2-8   "新建"子菜单

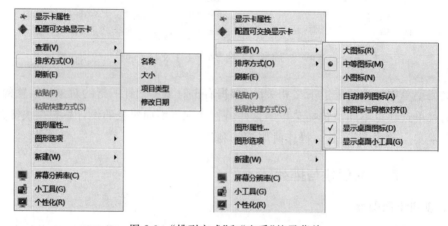

图 2-9   "排列方式"和"查看"的子菜单

"排序方式"选项的子菜单中包含下列选项：

（1）名称。按图标名称的英文字母或中文拼音顺序排列。

（2）大小。按图标所代表的文件的大小顺序排列。

（3）项目类型。按图标所代表的文件的类型排列。

（4）修改日期。按图标所代表的文件的最后一次修改时间排列。

当用户选择"排序方式"或"查看"子菜单中的某选项后，在其左侧会出现 ⊙ 或 ✓ 标志，表明该选项被选中。

如果用户选择了"自动排列图标"选项，则在对图标进行移动时会出现一个选定标志，这时只能在固定的位置将各图标进行位置的互换，而不能拖动图标到桌面上的任意位置。

当用户选择了"将图标与网格对齐"选项后，如果调整图标的位置，则它们总是成行成列地排列的，而不能移动到桌面上的任意位置。

当用户取消选择"显示桌面图标"选项后，桌面上将不显示任何图标。

2.3　Windows 窗口组成及操作

当用户打开一个文件或者应用程序时,都会出现一个窗口,这也是 Windows 这个名称的来由。窗口是 Windows 操作系统的重要组成部分,熟练地对窗口进行操作,会提高用户的工作效率。图 2-10 为"计算机"窗口。

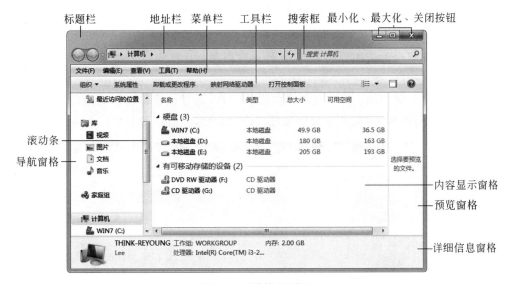

图 2-10　"计算机"窗口

2.3.1　窗口组成及类型

1. 窗口的基本组成

窗口一般包括以下组成部分。

- 标题栏。位于窗口顶部,用于显示窗口的名称。当标题栏呈高亮显示(蓝色)时,此窗口称为当前窗口(或称为活动窗口)。
- 菜单栏。位于标题栏的下方,提供了程序中大多数命令的访问途径。
- 工具栏。包含应用程序常用的若干工具按钮,使用工具栏可以简化操作。
- 地址栏。显示窗口或文件所在的位置,即路径。
- 搜索框。用于搜索相关的程序或文件。
- 导航窗格。显示当前文件夹中所包含的可展开的文件夹列表。
- 内容显示窗格。用于显示信息或供用户输入资料的区域。
- 详细信息窗格。用于显示程序或文件(夹)的详细信息。
- 滚动条。当要显示的内容不能全部显示在窗口中时,在窗口的下边和右边会出现滚动条,即水平滚动条和垂直滚动条。使用滚动条可查看窗口中未显示的内容。
- 最小化按钮。单击该按钮,窗口将最小化,并缩小到任务栏中。

- 最大化/还原按钮。单击该按钮,程序窗口将最大化,充满整个屏幕。在窗口最大化后,最大化按钮就变成了还原按钮,单击还原按钮,最大化窗口还原成原来的窗口,包括窗口的大小和位置。
- 关闭按钮。单击该按钮,将关闭窗口及应用程序。
- 按钮。单击该按钮,可以回到前一步操作的窗口。
- 按钮。单击该按钮,可以回到操作过的下一步操作窗口。
- 按钮。单击该按钮,可以将窗口的内容刷新一次。

2. 窗口类型

窗口按用途可分为应用程序窗口、文件夹窗口和对话框窗口3种类型。

1) 应用程序窗口

应用程序窗口是应用程序面向用户的操作平台,通过该窗口可以完成应用程序的各项工作任务。例如,Word是用于文字处理的应用程序,其窗口如图2-11所示。

图 2-11　Word 窗口

2) 文件夹窗口

文件夹窗口是某个文件夹面向用户的操作平台,通过该窗口可以对文件夹的各项内容进行操作。

3) 对话框窗口

对话框窗口是系统和用户之间通信的窗口,供用户从中阅读提示、选择选项、输入信息等。由于交互信息内容不同,对话框窗口在形态、种类上也不尽相同。一般来说,如图2-12所示,对话框的顶部有标题栏和关闭按钮,但一般没有最大化和最小化按钮,所以对话框的大小通常不能改变,但可以移动(利用左键拖动标题栏即可),也可以关闭。

常见的对话框包括以下内容:

图 2-12　"文件夹选项"对话框

- 单选按钮。在一组相关的选项中,必须选中一个且只能选中一个。
- 复选框。一些具有开关状态的设置项,可选中其中的一个或多个,也可以一个不选(方框内出现 ✔ 标记时,即为选中)。
- 文本输入框。可在其中输入文字信息。
- 选择框(变数框、微调框)。单击上箭头增大数字,单击下箭头减小数字。如果当前的数与需要的数相差较大,可直接输入数字。
- 列表框。列出了可供用户选择的多种选项。如果列表框中的内容很多,不能一次全部显示,则列表框中会出现垂直或者水平滚动条。
- 下拉列表框。与文本输入框相似,但是其右端带有一个向下的箭头,当单击该箭头时,会打开一个可供用户选择的列表。
- 滑尺。对话框中的滑尺大多是用于调节系统功能特性的,如调节鼠标双击的速度、键盘的响应速度等。
- 按钮。单击某个按钮,可执行相应的命令。如果按钮名后跟"…",则单击它可弹出另一个对话框。

2.3.2　窗口的基本操作

应用程序窗口和文档窗口的操作主要有移动、缩放、切换、排列、最小化、最大化、关闭等。

2.3.3　玩转多窗口——Windows Aero 界面

用户有时可能需要同时打开很多程序和窗口,每个窗口的位置、大小可能都不相同,那么如何在这些窗口中快速进行切换、浏览、关闭等操作就成了一个问题,而 Windows Aero 可以帮助用户解决这个问题。

1. 任务栏缩略图预览

在 Windows 7 中，所有打开的窗口都以任务栏按钮形式表示。如果有若干个打开的窗口，例如，打开多个文本文件，则 Windows 7 会自动将多个文件窗口分组到一个未标记的任务栏按钮下。当用户将鼠标指针指向任务栏上的程序按钮时，会打开该按钮代表的窗口的缩略图预览。将鼠标指向缩略图，所有其他的打开窗口都会临时淡化为透明框架，以显示所选的窗口，如图 2-13 所示。

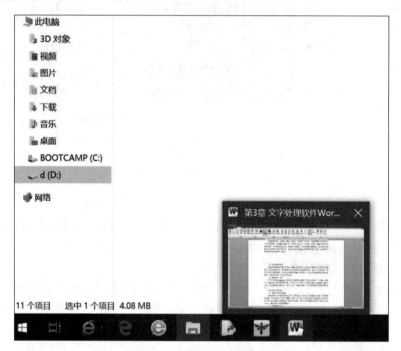

图 2-13   任务栏缩略图预览

将鼠标指针指向其他缩略图可预览其他窗口。要还原桌面视图，将鼠标指针移开缩略图即可。要打开正在预览的窗口，可以单击该窗口对应的缩略图。要关闭该窗口，只需单击缩略图上的关闭按钮即可。

如果不希望对任务栏按钮分组，可以关闭分组。但是不进行分组，可能无法同时看到所有任务栏按钮。

2. Aero Snap

Aero Snap 是 Windows 7 中 Aero 桌面改进的一部分。该项功能也是用来进行 Windows 窗口管理的，但它着眼于 Windows 的基本控制，因为随着显示器分辨率越来越高，传统的窗口控制已经不那么方便了，Aero Snap 正是为了解决这一问题而出现的。Aero Snap 可以为用户提供一些最基本的操作，如最大化、最小化和并排显示窗口等。这些操作只需普通的鼠标移动即可实现，甚至无须单击。

1) 最大化窗口

用鼠标选中窗口标题栏并按住不放，将窗口拖至屏幕最上方，当鼠标移至屏幕上边缘时,窗口将会自动最大化。

2) 最大化窗口(居中)

如果只是想让当前窗口居中最大化(不是全屏最大化),只需将鼠标移至窗口边缘,当出现上下箭头时,向上或向下拖动,当鼠标移至屏幕上边缘或下边缘时,窗口将会自动居中最大化。

3) 窗口靠左显示

用鼠标拖曳窗口至屏幕左边缘,当鼠标移至屏幕左边缘时,窗口将会自动靠左显示。

4) 窗口靠右显示

用鼠标拖曳窗口至屏幕右边缘,当鼠标移至屏幕右边缘时,窗口将会自动靠右显示。

窗口靠左显示和窗口靠右显示两个操作经常是一起用的。当用户将一个窗口靠左显示,另一个窗口靠右显示时,其实就是并排显示窗口,通常用来比较窗口的信息。

5) 还原窗口大小

如果要还原窗口大小,选中窗口标题栏并按住不放,将窗口拖向屏幕最下方,当鼠标移至屏幕下边缘时,窗口将会自动还原至原先的位置和大小。

3. Aero Peek

Aero Peek 是 Windows 7 中 Aero 桌面提升功能的一部分,是 Windows 7 中的一个新功能。如果用户打开了很多 Windows 窗口,那么要很快找到自己想要的窗口或桌面就不容易了。Aero Peek 正是用来解决这一难题的。Aero Peek 提供了两个基本功能:通过 Aero Peek,用户可以透过所有窗口查看桌面;用户还可以快速切换到任意打开的窗口,因为这些窗口可以随时隐藏或可见。

当鼠标指针移过任务栏上的显示桌面按钮时,所有打开的窗口都将变得透明,只剩一个框架,这样用户就可以轻松看到桌面上的所有图标了。当鼠标指针移开那块区域时,所有窗口就会恢复正常,所有的小工具都将显示在桌面上。如果想要最小化当前的所有窗口,显示桌面,则单击显示桌面按钮即可。

4. Aero Shake

Aero Shake 是 Windows 7 中 Aero 桌面特效的一部分,是 Windows 7 中的一个新功能。用户可使用 Aero Shake 快速最小化除当前正在晃动的窗口之外的其他打开的窗口。此功能可以节约操作时间。

用鼠标左键按住要保持打开状态的窗口的标题栏,迅速来回拖动(或晃动)该窗口,则其他打开的窗口会被最小化到任务栏中。再次迅速来回拖动(或晃动)打开的窗口,可还原所有最小化的窗口。

5. Flip3D

Flip3D 是 Windows 7 新增的功能,是一种全新的窗口切换方式,可以快速预览所有打开的窗口,系统会把所有打开的窗口以倾斜的三维预览窗口的方式显示。

启动 Flip3D 有两种方式,即按 Windows 徽标键＋Tab 或 Ctrl＋Windows 徽标键＋Tab,启动 Flip3D 后的屏幕如图 2-14 所示。

在 Flip3D 打开的状态,按 Tab 键或↑键、→键,可以使缩略图向前翻动,按↓、←可以使

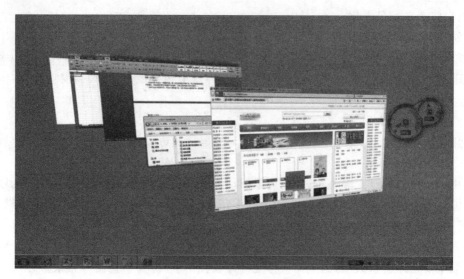

图 2-14   Flip3D 屏幕效果

缩略图向后翻动,按 Enter 键可确认切换到最前面的窗口。当然,使用鼠标滚轮也可以向前或向后翻动缩略图,单击想切换到的任意一个窗口就可以完成切换。

单击 Flip3D 缩略图外的任意地方都可以在不切换窗口的情况下关闭 Flip3D。

2.4   Windows 资源管理

2.4.1   资源管理器

通过"计算机"窗口和资源管理器可以实现对计算机资源的绝大多数操作和管理,两者是统一的。资源管理器是 Windows 文件管理的核心,双击任何一个文件夹图标,系统都会通过资源管理器打开并显示该文件的内容,通过资源管理器可非常方便地完成对文件、文件夹和磁盘的各种操作,还可以作为启动平台去启动其他应用程序。

Windows 7 中资源管理器的主要改进如下:

(1) 对库进行了改进。

(2) 文件图标可以更大,并可以动态调整图标大小。

(3) 图标上新增了复选框,可以完成连续选择或间隔选择。

(4) 新增了一个可以显示当前文件内容的预览窗格,不用打开文件就可以了解文件的内容。

(5) 增加了文件过滤器和筛选器。

1. "计算机"窗口

"计算机"窗口用于管理计算机上的所有资源。双击桌面上的"计算机"图标,即可打开"计算机"窗口(见图 2-10),方便用户访问自己计算机上的各种资源。

2. 资源管理器窗口

启动 Windows 7 资源管理器有多种方法,常用的方法如下:

(1) 在"开始"菜单中选择"所有程序"选项,选择"附件"中的"Windows 资源管理器"选项。

(2) 右击"开始"按钮,弹出快捷菜单,选择"资源管理器"选项。

启动资源管理器后,会打开如图 2-15 所示的窗口,左侧窗格显示了所有磁盘和文件夹的列表,称为导航窗格;右侧窗格用于显示选定的磁盘和文件夹中的内容,称为内容显示窗格;下面的窗格中列出了选定磁盘和文件夹的详细信息等,称为详细信息窗格。

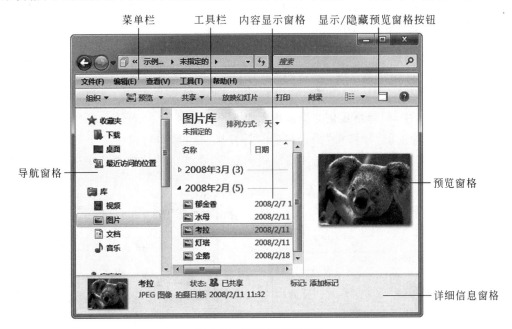

图 2-15　资源管理器窗口

窗口左右和上下各部分之间可以通过拖动分界线改变大小。

1) 导航窗格

导航窗格位于资源管理器窗口的左侧,分为 4 个部分,从上至下依次是"收藏夹""库""计算机"及"网络"。使用导航窗格可以访问库、文件夹及保存的搜索结果,甚至可以访问整个硬盘。使用"收藏夹"部分可以打开最常用的文件夹和搜索结果,可以展开"计算机"文件夹浏览文件夹和子文件夹。

2) 内容显示窗格

内容显示窗格是整个资源管理器最重要的组成部分,显示当前文件夹中的内容。如果通过在搜索框中输入内容来查找文件,则仅显示与搜索相匹配的文件。

3) 预览窗格

预览窗格位于资源管理器窗口的最右侧,用来显示当前选中文件和文件夹的内容。对于常用的文本文件、图片文件,可以直接在这里显示文件内容。例如,若选中一张图片,则该窗格中会显示图片的缩略图;若选中一个文本文件,则该窗格中会显示文件的内容。

4）详细信息窗格

详细信息窗格位于资源管理器窗口下方，可以显示当前被选中文件或文件夹的尺寸、创建日期、类型、标题等信息，也可以编辑文件的部分属性信息。

以上区域不是在第一次打开资源管理器窗口时就出现的，有些需要通过自己设定才可以显示，也可以根据实际需要显示或隐藏。

在工具栏上有一个"组织"按钮，单击该按钮可以弹出如图 2-16 所示的菜单，对资源管理器的窗口布局进行调整。选择"布局"子菜单中的"菜单栏"选项，可以一直显示菜单栏；选择"细节窗格"选项、"预览窗格"选项、"导航窗格"选项，可以分别在资源管理器窗口中显示相应的内容。此外，"组织"菜单中还含有与文件操作相关的菜单项，如"剪切""复制""粘贴"和"全选"等，可以用来完成文件的基本操作。

2.4.2 磁盘管理

1. 磁盘格式化

在 Windows 中，磁盘格式化的操作步骤如下。

（1）双击桌面上的"计算机"图标，打开"计算机"窗口，然后选中某个磁盘，选择"文件"菜单中的"格式化"选项，或右击要格式化的磁盘，在弹出的快捷菜单中选择"格式化"选项，弹出如图 2-17 所示的对话框。

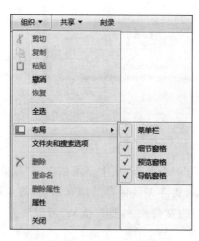

图 2-16　"组织"菜单

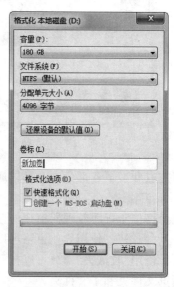

图 2-17　"格式化"对话框

（2）在该对话框中选择适当的选项。例如，在"容量"下拉列表框中选择磁盘的容量；在"卷标"文本框中输入一个磁盘卷标来标识磁盘。若磁盘不是首次格式化，而且能够确定没有损坏扇区，可以选中"快速格式化"复选框，只清除磁盘中的文件和文件夹；若不选中该复选框，则格式化时还要检查磁盘是否有坏扇区，速度较慢。

（3）单击"开始"按钮，开始格式化磁盘。

（4）格式化完成后，会弹出"格式化完毕"对话框，单击"确定"按钮，返回格式化窗口，可以继续格式化其他的磁盘，单击"关闭"按钮，关闭"格式化"对话框。

2. 磁盘清理

执行磁盘清理程序的具体操作如下：

（1）单击"开始"按钮，选择"所有程序"菜单中的"附件"选项，再选择"系统工具"子菜单中的"磁盘清理"选项，弹出选择驱动器对话框。

（2）在该对话框中选择要进行清理的驱动器，然后单击"确定"按钮，会弹出该驱动器的磁盘清理对话框，如图 2-18 所示。

图 2-18　磁盘清理对话框

（3）在"磁盘清理"选项卡的"要删除的文件"列表框中列出了可删除的文件类型及其所占用的磁盘空间的大小。选中某文件类型前的复选框，在进行磁盘清理时即可将其删除；在"占用磁盘空间总数"右侧显示了删除所有选中复选框的文件类型后可得到的磁盘空间总数；在"描述"文本框中显示了当前选择的文件类型的描述信息。

（4）单击"确定"按钮进行磁盘清理，完毕后，该对话框将自动关闭。

3. 磁盘碎片整理

运行磁盘碎片整理程序的具体操作如下：

（1）单击"开始"按钮，选择"所有程序"菜单中的"附件"选项，选择"系统工具"子菜单中的"磁盘碎片整理程序"选项，弹出"磁盘碎片整理程序"对话框，如图 2-19 所示。

（2）在该对话框中显示了磁盘的一些状态和系统信息。选择一个磁盘，单击"分析磁盘"按钮，系统即可分析该磁盘是否需要进行碎片整理，并弹出询问是否需要进行碎片整理的对话框。

（3）单击"磁盘碎片整理"按钮，即可开始对磁盘碎片进行整理。

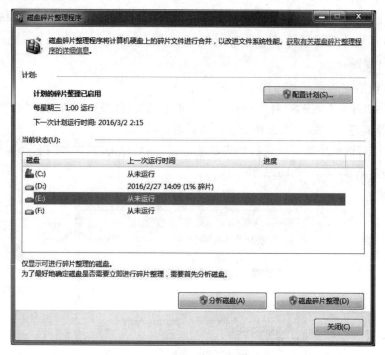

图 2-19 "磁盘碎片整理程序"对话框

4. 磁盘信息查看

查看磁盘信息的步骤如下:

(1) 在"计算机"窗口中单击某个磁盘的图标,如"本地磁盘(D:)"。

(2) 选择"文件"菜单,或者右击磁盘,在弹出的快捷菜单中选择"属性"选项,弹出如图 2-20 所示的对话框。

图 2-20 "本地磁盘(D:)属性"对话框

（3）选择"常规"选项卡，可以在最上面的文本框中输入磁盘的卷标。在该选项卡的中部显示了该磁盘的类型、文件系统、已用空间及可用空间等信息；在该选项卡的下部显示了该磁盘的容量，并用饼图的形式显示了已用空间和可用空间的比例信息。单击"磁盘清理"按钮，可启动磁盘清理程序，进行磁盘清理。

（4）单击"应用"按钮，即可应用该选项卡中更改的设置。

5．磁盘查错

执行磁盘查错程序的具体操作如下：

（1）双击"计算机"图标，打开"计算机"窗口。

（2）右击要进行磁盘查错的磁盘图标，在弹出的快捷菜单中选择"属性"选项，弹出相应的属性对话框，选择"工具"选项卡，如图 2-21 所示。

（3）在该选项卡中有"查错""碎片整理"和"备份"3 个选项组。单击"查错"选项组中的"开始检查"按钮，会弹出"检查磁盘 本地磁盘（D：）"对话框，如图 2-22 所示。

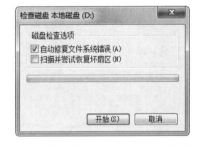

图 2-21　"工具"选项卡　　　　　图 2-22　"检查磁盘 本地磁盘（D：）"对话框

（4）在该对话框中用户可选中"自动修复文件系统错误"和"扫描并尝试恢复坏扇区"复选框，单击"开始"按钮，即可开始进行磁盘查错。

（5）单击"碎片整理"选项组中的"立即进行碎片整理"按钮，可运行磁盘碎片整理程序。

2.4.3　文件管理

1．库

库用于管理文档、音乐、图片和其他类型文件的位置，可以使用与文件夹中相同的操作方式浏览文件，也可以查看按属性（如日期、类型和作者）排列的文件。在某些方面，库类似于文件夹。例如,打开库时将看到一个或多个文件。但与文件夹不同的是,库可以收集存储在多个位置中的文件,这是一个细微但重要的差异。库实际上不存储项目,它监视包含项目的文件夹,并允许以不同的方式访问和排列这些项目。例如,如果在本地硬盘和外部驱动器上的文件夹中有音乐文件,则可以使用音乐库同时访问所有音乐文件。

1) 新建库

Windows 7 有 4 个默认库,即视频库、图片库、文档库和音乐库,还可以为其他集合创建新库。

单击导航窗格中的"库",然后在工具栏上单击"新建库"按钮,输入库的名称,按 Enter 键,即可新建一个库,如图 2-23 所示。若要将文件复制、移动或保存到库,必须在库中先包括一个文件夹,以便使库知道存储文件的位置,此文件夹将自动成为该库的默认保存位置。在导航窗格中单击新建的库,单击内容显示窗格中的"包括一个文件夹"按钮,在打开的窗口中选择一个文件夹作为库的默认保存位置,单击"包括文件夹"按钮,完成操作。

图 2-23　新建库

2) 设置库

库可以收集不同文件夹中的内容,可以将不同位置的文件夹包含到同一个库中,然后以一个集合的形式查看和排列这些文件夹中的文件,也可以删除库中包含的文件夹。

要添加文件夹到库,可以打开资源管理器窗口,在导航窗格中找到要包含的文件夹,单击该文件夹,然后在工具栏中单击"包含到库中"按钮,在下拉列表框中选择要包含到的库;或者在资源管理器窗口中选择要添加到库的文件夹并右击,弹出快捷菜单,选择"包含到库中"选项下的要包含到的库。

当不再需要某文件夹时,可以将其删除。从库中删除文件夹,不会删除原始位置的文件夹及文件。从库中删除文件夹的操作有以下两种方法:

方法一:打开资源管理器,在导航窗格中单击要删除文件夹的库,然后在内容显示窗格的"包括"项旁边,单击"2个位置"(数字 2 是库中文件夹的数量)按钮,在弹出的对话框中单击要删除的文件夹,再依次单击"删除"和"确定"按钮。

方法二:在资源管理器的导航窗格中选择要删除文件夹的库并右击,弹出快捷菜单,选择"属性"命令,弹出如图 2-24 所示的"新建库 属性"对话框。此处"新建库"是新建的库的名字。在该对话框中选择要删除的文件夹,单击"删除"按钮,然后单击"确定"按钮。

3) 设置文件和文件夹显示模式

为了便于进行文件操作,在 Windows 7 的资源管理器中单击工具栏中的 按钮,弹出如图 2-25 所示的滑轨,选择文件中的文件显示模式。用户可以根据自己的喜好来选择使用 4 种大小的图标、列表视图、详细信息视图(显示有关文件的多列信息)、平铺小图标视图和内容视图(显示文件中的部分内容)等模式。

图 2-24　"新建库 属性"对话框　　　　图 2-25　视图滑轨

2. 文件和文件夹管理

对文件和文件夹进行管理是 Windows 操作系统中的基本操作。前面介绍的资源管理器和"计算机"窗口是对文件和文件夹进行管理的工具,下面介绍一些基本的文件和文件夹管理方法,它们都是在资源管理器或"计算机"窗口中进行的。

1) 新建文件夹

在从桌面开始的各级文件夹中,如果有需要,都可以创建新的文件夹。在创建新文件夹之前,需确定将新文件夹置于什么地方。如果要将新文件夹建立在磁盘的根节点上,则要单击该磁盘的图标;如果新文件夹将作为某个文件夹的子文件夹,则应该先打开该文件夹,然后在文件夹中创建新文件夹。

在桌面上建立一个新文件夹时,在桌面空白处右击,弹出快捷菜单,选择"新建"子菜单中的"文件夹"选项。

在窗口中建立新文件夹时,选择"文件"菜单中的"新建"→"文件夹"选项。

在新建的文件夹上单击,这时在文件夹的名称处会有闪动的光标,可以给文件夹重命名。

2) 选定文件或文件夹

在对文件或文件夹进行操作之前,一定要先选定文件或文件夹,一次可选定一个或多个文件或文件夹,选定的文件或文件夹呈高亮度显示。选定操作有以下几种:

(1) 单击选定。单击要选定的文件或文件夹,用来选定一个文件或文件夹。

(2) 拖动选定。在文件夹窗口中按住鼠标左键拖动,将出现一个虚线框,用虚线框框住要选定的文件或文件夹,然后释放鼠标左键。

(3) 多个连续文件或文件夹的选定。单击选定第一个文件或文件夹,按住 Shift 键,然后单击最后一个要选定的文件或文件夹,最后释放 Shift 键。

(4) 多个不连续文件或文件夹的选定。单击选定第一个文件或文件夹,按住 Ctrl 键,然后单击需要选定的文件或文件夹,最后释放 Ctrl 键。

(5) 选定所有文件或文件夹。选择"编辑"菜单中的"全部选定"选项,将选定文件夹中的所有文件或文件夹。

(6) 反向选定。选择"编辑"菜单中的"反向选定"选项,将选定文件夹中除已经选定项目之外的所有文件或文件夹。

(7) 取消选定。若要取消某一选定,先按住 Ctrl 键,然后单击要取消的项目;若要撤销所有选定,则单击窗口中的其他区域。

3) 删除文件或文件夹

对于无用的文件或文件夹应及时删除,以释放更多的可用存储空间。删除方法有以下几种:

(1) 菜单法。在选定待删除的文件或文件夹后,选择"文件"菜单中的"删除"选项。

(2) 快捷菜单法。在选定的待删除的文件或文件夹上右击,弹出快捷菜单,选择"删除"选项。

(3) 键盘法。选定待删除的文件或文件夹后,直接按 Delete 键。

(4) 鼠标拖动法。用鼠标拖动待删除的文件或文件夹到桌面上的回收站。

注意:执行删除操作后,系统会弹出确认删除操作的对话框。如果确认要删除,则单击"是"按钮,文件或文件夹将被删除;否则单击"否"按钮,放弃所做的删除操作。

另外,删除文件夹操作将把该文件夹所包含的所有内容全部删除。从本地硬盘上删除的文件或文件夹将被放在回收站中,而且在回收站被清空之前一直保存在其中。

如果要撤销对这些文件或文件夹的删除,可以到回收站中恢复文件或文件夹。方法如下:在回收站中选定需要恢复的对象,然后在"文件"菜单或右键快捷菜单中选择"还原"选项。

4) 打开文件或文件夹

文件主要包括应用程序文件和文档文件两大类。在资源管理器或"计算机"窗口中打开文件的方法很简单,只需选定打开的文件,在资源管理器的内容显示窗格或"计算机"窗口中双击文件图标,可打开相应的应用程序或打开文档文件。

　　打开文件夹的方法如下：在资源管理器左侧的导航窗格中单击文件夹图标，或在右侧的内容显示窗格中双击文件夹图标，可打开文件夹，在内容显示窗格中将显示被打开文件夹的内容。

　　5）重命名文件或文件夹

　　对文件或文件夹进行重命名的方法有多种，不论用哪种方法，都必须先选定需要重命名的文件或文件夹，并且每次只能重命名一个文件或文件夹。

　　使用菜单和右键快捷菜单重命名文件或文件夹的方法与删除操作类似。如果用鼠标操作，单击需要重命名的文件或文件夹，稍作停顿后单击该文件或文件夹的名称处，会出现重命名框，在重命名框中输入新名称，确认即可。

　　也可以使用 F2 键重命名文件。

　　6）移动文件或文件夹

　　移动文件或文件夹是把选定的文件或文件夹从某个磁盘或文件夹中移动到另一个磁盘或文件夹中，原来位置中不再包含被移走的文件或文件夹。

　　移动文件或文件夹有 3 种方法：

　　（1）使用菜单命令进行移动。选定需要移动的文件或文件夹，然后选择"编辑"菜单中的"剪切"选项，或右击需要移动的文件或文件夹，弹出快捷菜单，选择"剪切"选项。单击目标盘或文件夹，选择"编辑"菜单中的"粘贴"选项，或右击目标盘或文件夹图标，弹出快捷菜单，选择"粘贴"选项，即可完成移动操作。

　　（2）用鼠标左键拖动进行移动。选定需要移动的文件或文件夹，在按下 Shift 键的同时，用鼠标左键拖动选中的文件或文件夹至目标盘或文件夹图标（如果在同一个磁盘的不同文件夹之间进行移动操作，则可以直接用鼠标拖动进行移动，而不必按住 Shift 键），然后释放鼠标左键和 Shift 键，完成移动操作。

　　（3）用快捷键进行移动。选定需要移动的文件或文件夹，按 Ctrl+X 键，再单击目标盘或文件夹，按 Ctrl+V 键，完成移动。

　　7）复制文件或文件夹

　　复制是指在指定的磁盘和文件夹中产生一个与当前选定文件或文件夹完全相同的副本。复制操作完成以后，原来的文件或文件夹仍保留在原位置，并且在指定的目标盘或文件夹中多了一个副本。

　　复制文件或文件夹的方法有以下几种。

　　（1）使用菜单命令进行复制。选定需要复制的文件或文件夹，然后选择"编辑"菜单中的"复制"命令，或右击需要复制的文件或文件夹，弹出快捷菜单，选择"复制"选项。单击目标盘或文件夹，选择"编辑"菜单中的"粘贴"选项，或右击目标盘或文件夹图标，弹出快捷菜单，选择"粘贴"选项，完成复制。

　　（2）用鼠标左键拖动进行复制。确保能看到待复制的文件或文件夹，并且能看到目标盘和文件夹图标，选定要复制的文件或文件夹，在按住 Ctrl 键的同时，用鼠标左键拖动选中的文件或文件夹至目标盘和文件夹图标（如果在两个不同的盘之间进行复制，则可以直接用鼠标拖动进行复制，而不必按住 Ctrl 键），然后释放鼠标左键和 Ctrl 键，完成复制操作。

(3) 用快捷键进行复制。选定需要复制的文件或文件夹,按 Ctrl+C 键,然后单击目标盘或文件夹,按 Ctrl+V 键,完成复制。

8) 查找文件或文件夹

文件夹的引入使得文件的排列比较随意且易于实现,但这种随意性和易用性也会给初学者带来一些困惑,一个不经意的"拖放"动作常常把文件拖动到其他文件夹中。通过资源管理器中的"搜索"功能,可以快速、高效地查找文件、文件夹,甚至可以查到网络上某台特定的计算机。

搜索框位于每个窗口的顶部或"开始"菜单的下部。在搜索框中输入词或短语,可查找当前文件夹或库中的项。注意,只要一开始输入内容,搜索就开始了。例如,当输入 B 时,所有名称以字母 B 开头的文件都将显示在文件列表中。

若要查找文件,可打开最有意义的文件夹或库作为搜索的起点,然后单击搜索框并输入文本。搜索框基于用户输入文本筛选当前视图中的文件。如果搜索词与文件的名称、标记或其他属性甚至文本文档内的文本相匹配,则将文件作为搜索结果显示出来。

如果基于属性(如文件类型)搜索文件,可以在输入文本之前单击搜索框,然后单击搜索框正下方的某一按钮来缩小搜索范围。这样会在搜索文本中添加一条"搜索筛选器"(如"类型"),它将为用户提供更准确的搜索结果。

如果没有看到要查找的文件,则可以通过单击搜索结果底部的某一选项来更改整个搜索范围。例如,如果在文档库中搜索文件,但无法找到该文件,则可以单击"库"按钮,以将搜索范围扩展到其余的库。

3. 快捷方式的建立

快捷方式是指向某个程序的"连接",只记录了程序的位置及运行时的一些参数。使用快捷方式可以迅速访问程序,而不必打开多个文件夹窗口来查找。桌面上的一些图标其实就是相应程序的快捷方式。Windows 允许用户在桌面上创建指向某个对象的快捷方式。在桌面上创建快捷方式图标的方法有多种,常用的方法有以下几种。

方法一:

(1) 右击桌面空白处,在弹出的快捷菜单中选择"新建"菜单中的"快捷方式"选项,打开"创建快捷方式"对话框,如图 2-26 所示。

(2) 在"请键入对象的位置"文本框中输入盘符、路径、文件名。也可以单击"浏览"按钮,在打开的对话框中依次选择盘符、路径、文件名,再单击"下一步"按钮,打开如图 2-27 所示的对话框。

(3) 在"键入该快捷方式的名称"文本框中输入快捷方式的名称(或使用默认名称)。

(4) 单击"完成"按钮。

方法二:

在"计算机"窗口或资源管理器中找到文件,右击该文件,在快捷菜单中选择"创建快捷方式"选项,则新的快捷方式将出现在原文件所在的位置上,将新的快捷方式拖动到所需的位置即可。

方法三:

在"计算机"窗口或资源管理器中找到文件,右击该文件,在快捷菜单中选择"发送到"

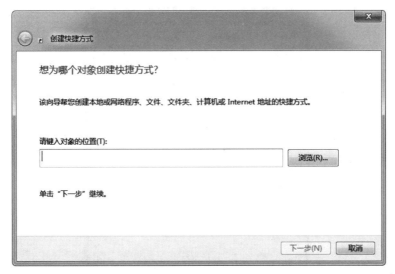

图 2-26　"创建快捷方式"对话框

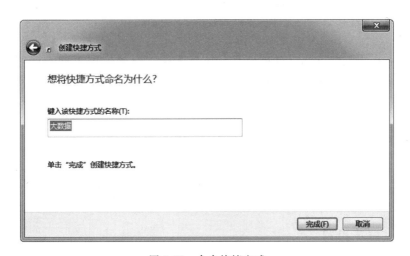

图 2-27　命令快捷方式

子菜单中的"桌面快捷方式"选项即可。

4. 文件属性的设置

右击文件或文件夹对象,弹出快捷菜单,选择"属性"选项,即可在弹出的属性对话框中查看该对象的具体属性信息,如图 2-28 所示。使用属性对话框可以查看项目的当前属性,必要时还可修改它们,同时还可得到文件和文件夹的大小、创建日期及其他重要的统计数据。

5. 回收站的使用

回收站用来存放用户删除的文件,其图标是一个废纸篓。被删除的文件、文件夹等均放在回收站中。双击回收站图标,可打开回收站。回收站中的文件或文件夹可以彻

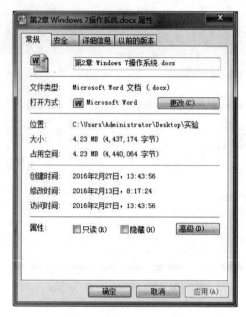

图 2-28   文件的属性对话框

底删除,也可以恢复到原来的位置。若要彻底删除回收站中的全部文件或文件夹,可选择"文件"菜单中的"清空回收站"选项或单击窗口中的"清空回收站"按钮;若要删除某些对象,则选定对象后,在"文件"菜单或右键快捷菜单中选择"删除"选项;若要还原回收站中的某些对象,则可选定这些对象后,在"文件"菜单或右键快捷菜单中选择"还原"选项。

2.5   Windows 系统环境设置

2.5.1   显示设置

1. 设置桌面背景

1) 设置图片为桌面背景

设置图片为桌面背景的操作步骤如下。

在"个性化"窗口中单击"桌面背景"按钮,打开"桌面背景"窗口,或在"控制面板"中单击"外观和个性化"下的"更改桌面背景"按钮,打开"桌面背景"窗口,如图 2-29 所示。

用户可以在"桌面背景"窗口中选择系统自带的图片。单击图片后,Windows 7 桌面系统会以所见即所得的方式立即把选择的图片作为背景显示。单击"保存修改"按钮,可确认桌面背景的改变。也可以单击"图片位置"下拉列表框查看其他位置的图片进行选择设置。

如果用户需要把其他位置的图片作为桌面背景,在"桌面背景"窗口中单击"浏览"按钮,弹出"浏览"对话框,找到图片并打开,即可把图片设为桌面背景。

图 2-29 "桌面背景"窗口

在"桌面背景"窗口底部的"图片位置"下拉列表中包括"填充""适应""拉伸""平铺"和"居中"5 个选项,用户可以根据自己的喜好进行选择,建议使用"适应"选项,以得到较好的显示效果。

2) 设置幻灯片为桌面背景

在 Windows 7 中可以使用幻灯片(一系列不停变换的图片)作为桌面背景,既可以使用自己的图片,也可以使用 Windows 7 中某个主题提供的图片。

若要为桌面背景创建幻灯片图片,则必须选择多张图片;如果只选择一张图片,幻灯片将会结束播放。选中的图片会成为桌面背景。

2. 设置屏幕保护

设置屏幕保护的操作步骤如下。

(1) 选择屏幕保护程序。在"个性化"窗口中单击"屏幕保护程序"选项,即可打开"屏幕保护程序设置"对话框,如图 2-30 所示。在该对话框的"屏幕保护程序"下拉列表中选择屏幕保护程序,在"屏幕保护程序设置"对话框中就可以预览所选屏幕保护程序的效果。如果想全屏观看,单击"预览"按钮即可全屏预览。若有鼠标或键盘事件就会结束预览。单击"确定"按钮可以完成设置,退出"屏幕保护程序设置"对话框。

(2) 屏幕保护程序的设置。如果需要通过密码对屏幕保护程序进行保护,选中"在恢复时显示登录屏幕"复选框,这样在退出屏幕保护程序时,需要输入 Windows 密码才能解除对计算机的锁定。

图 2-30   "屏幕保护程序设置"对话框

另外,用户可以根据自己的工作环境和工作习惯,设置进入屏幕保护程序的等待时间。

3. 分辨率、刷新频率和颜色设置

Windows 根据显示器选择最佳的显示设置,包括屏幕分辨率、刷新频率和颜色深度。这些设置根据所用显示器的类型、大小、性能及显卡的不同而有所差异。

1) 分辨率的设置

屏幕分辨率指的是屏幕上文本和图像的清晰度。分辨率越高,屏幕上显示的对象越清楚,同时屏幕上的对象显得越小,因此屏幕可以容纳更多内容;分辨率越低,屏幕上的对象越大,屏幕容纳的对象越少,但更易于查看。在非常低的分辨率情况下,图像可能有锯齿状边缘。

例如,640×480 是较低的屏幕分辨率,而 1600×1200 是较高的屏幕分辨率。CRT 显示器通常支持 800×600 或 1024×768 的分辨率,LCD 显示器可以支持更高的分辨率。是否能够提高屏幕分辨率取决于显示器的大小、性能以及显卡的性能。

在桌面空白处右击,弹出快捷菜单,选择"屏幕分辨率"选项,弹出如图 2-31 所示的窗口。

在"分辨率"下拉列表中,选择想要的分辨率(参考表 2-1 所推荐的分辨率),然后单击"应用"按钮,系统将应用选定的分辨率。

图 2-31　设置屏幕分辨率窗口

表 2-1　根据显示器大小推荐的分辨率

显示器大小	推荐的分辨率
15 英寸	1024×768
17～19 英寸	1280×1024
20 英寸及更大	1600×1200

　　单击"保留更改"按钮保留目前的分辨率设置,单击"还原"按钮或者在 15s 之内没有应用更改,分辨率将恢复原始设置。

　　2)刷新频率的设置

　　影响显示器显示效果的另一个重要因素是屏幕刷新频率。如果刷新频率太低,显示器可能闪烁,从而会引起眼睛疲劳和头疼。通常选择 75Hz 以上的刷新频率。

　　在桌面空白处右击,弹出快捷菜单,选择"屏幕分辨率"选项,弹出"屏幕分辨率"窗口。

　　在窗口中单击"高级设置",在弹出的对话框中选择"监视器"选项卡,如图 2-32 所示。确认选中"隐藏该监视器无法显示的模式"复选框,然后在"屏幕刷新频率"下拉列表中选择新的刷新频率,显示器将花费一小段时间进行调整。单击"应用"按钮,系统将应用选定的刷新频率。

　　系统会弹出确认显示设置的对话框。单击"是"按钮保留目前的刷新频率设置,单击"否"按钮或者在 15s 之内没有应用更改,刷新频率将恢复原始设置。

　　3)颜色的设置

　　如果用户想要获得显示器的最佳颜色显示效果,显示逼真的颜色,应将颜色设置为 32 位真彩色。

图 2-32　显示器高级设置对话框

在如图 2-32 所示的对话框中,在"颜色"下拉列表中选择"真彩色(32 位)"选项,单击"应用"按钮,系统将应用选定的颜色设置,如果能正常显示,会弹出确认显示设置的对话框。单击"是"按钮保留目前的颜色设置,单击"否"按钮或者在 15s 之内没有应用更改,颜色设置将恢复原始设置。

2.5.2　时间和日期设置

在任务栏的右端显示了系统的当前时间。将鼠标指针指向时间栏,稍稍停顿,即会显示系统日期。若用户不想显示日期和时间或需要更改日期和时间,可以按以下方法进行。

1. 隐藏时间

右击任务栏,弹出快捷菜单,选择"属性"选项,打开"任务栏和[开始]菜单属性"对话框,选择"任务栏"选项卡,单击"自定义"按钮,打开"通知区域图标"窗口,然后单击"打开或关闭系统图标"选项,如图 2-33 所示。

在"时钟"行的"行为"列中选择"关闭"选项,单击"确定"按钮。

2. 更改日期和时间

双击时间栏,或单击"开始"按钮,选择"控制面板"选项,打开"时钟、语言和区域"窗口,单击"设置日期和时间"选项,打开"日期和时间"对话框;然后单击"更改日期和时间"按钮,打开"日期和时间设置"对话框,如图 2-34 所示,输入或调节准确的日期和时间,更改完毕后,单击"确定"按钮即可。

2.5.3　输入法设置

中文版 Windows 7 系统中默认安装了微软拼音、全拼、双拼和郑码 4 种中文输入法,

图 2-33　"打开或关闭系统图标"对话框

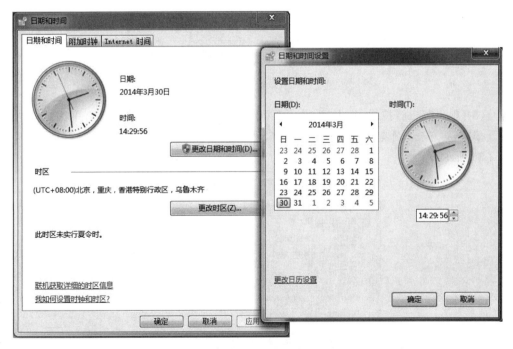

图 2-34　"日期和时间"对话框以及"日期和时间设置"对话框

用户可以在 4 种输入法中选择自己喜爱的输入法。如果用户想要使用 Windows 7 系统未提供的输入法,如五笔、紫光、搜狗等,就需要进行输入法的安装。现在很多共享的和商业的输入法软件都有自动安装程序,能够自动安装,也提供了自动卸载程序。也有的输入法通过输入法的设置窗口来卸载。有时候,用户安装完一种输入法后,它不一定会在语言栏上显示出来,这时就需要添加输入法。

1. 系统自带输入法的添加

添加系统自带输入法的操作如下:

(1)在任务栏中的语言栏上右击,弹出快捷菜单,选择"设置"选项,弹出"文本服务和输入语言"对话框,如图 2-35 所示。

图 2-35　"文本服务和输入语言"对话框

(2)单击"添加"按钮,弹出"添加输入语言"对话框,单击"中文(简体,中国)"左边的展开按钮,再单击"键盘"左边的展开按钮,然后选中需要添加的输入语言的复选框,如图 2-36 所示。

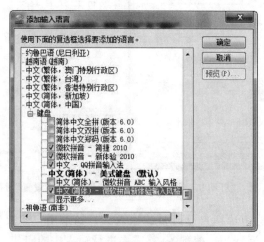

图 2-36　选择要添加的输入语言

（3）单击"确定"按钮，返回"文本服务和输入语言"对话框，再次单击"确定"按钮即可。

2. 系统自带输入法的删除

删除系统自带输入法的操作如下：

（1）在任务栏的语言栏上右击，弹出快捷菜单，选择"设置"选项，弹出"文本服务和输入语言"对话框，如图 2-35 所示。

（2）选中要删除的输入法，依次单击"删除"按钮和"确定"按钮即可。

3. 输入法的设置

在使用各种输入法时，用户可以根据自己的习惯对输入法进行各种设置，如设置默认的输入法及各种输入法的快捷键等。

1）设置默认的输入法

为了在打开某个窗口或执行某个程序的同时直接打开某个特定的输入法，用户可以将这个输入法设置成默认的输入法。在图 2-35 所示的"文本服务和输入语言"对话框的"默认输入语言"下拉列表中即可设置默认的输入法。

2）设置输入法的快捷键

用户不仅可以使用快捷键快速打开输入法，也可以在几种输入法之间使用快捷键进行切换。在"文本服务和输入语言"对话框中选择"高级设置"选项卡，即可设置输入法的快捷键（热键），如图 2-37 所示。

图 2-37　设置输入法的快捷键

4. 软键盘及其使用

软键盘是指屏幕上弹出的一个类似键盘的窗口，单击其中的键就可以输入相应的字符。在输入文字或进行排版的过程中，往往要输入一些特殊符号、数学符号和不常见的外文字母等。中文版 Windows 7 提供了多种软键盘,用户可以按照实际需求选用。Windows 7 内置的中文输入法提供了如图 2-38 所示的软键盘。

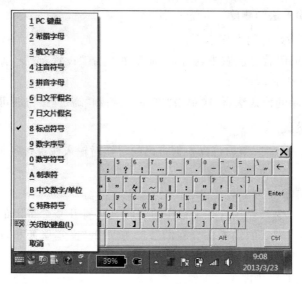

图 2-38　软键盘

2.5.4　打印机设置

打印机是计算机最常用的外部设备,正确掌握其安装、设置和使用对于用户来说很重要。下面重点讲述打印机的安装和使用。

在使用一台新的打印机时,应首先进行硬件的连接,然后安装打印机的驱动程序。即在进入 Windows 系统后,放入打印机的安装盘。在一般情况下,打印机的安装盘会自动运行,按照安装向导的提示安装即可。如果不能自动安装,则需要使用"添加打印机"命令进行安装。

安装 HP LaserJet P1008 打印机的操作步骤如下:

(1) 单击"开始"按钮,选择"设备和打印机"选项,打开"设备和打印机"窗口,单击"添加打印机"按钮,如图 2-39 所示。

(2) 选择本地或网络打印机,然后选择打印机端口,如图 2-40 所示。

(3) 单击"下一步"按钮,打开如图 2-41 所示的对话框,在"厂商"列表框中选择 HP 选项,在"打印机"列表框中选择 HP LaserJet P1008 选项。

(4) 单击"下一步"按钮,在接下来的几个界面中,可以按要求进行设置或选择默认值,单击"完成"按钮,完成添加打印机的操作。

注意:如果有打印机的安装盘,在第(4)步时可以单击"从磁盘安装"按钮,用打印机的安装盘安装。

把 HP LaserJet P1008 打印机设为默认打印机的操作步骤如下:在"设备和打印机"窗口中右击 HP LaserJet P1008 图标,弹出快捷菜单,选择"设置为默认打印机"命令,此时 HP LaserJet P1008 打印机上出现了默认图标。

图 2-39　"设备和打印机"窗口

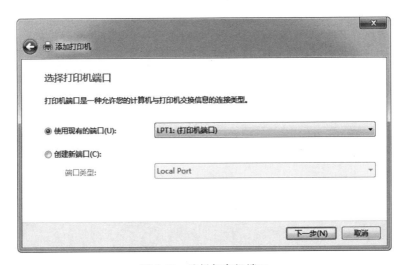

图 2-40　选择打印机端口

2.5.5　账户设置

Windows 7 操作系统支持多用户账户,可以为不同的账户设置不同的权限,账户之间互不干扰,独立完成各自的工作。

1. 添加和删除账户

在 Windows 7 中添加和删除账户的具体操作步骤如下。

(1)单击"开始"按钮,选择"控制面板"选项,打开"控制面板"窗口,在"用户账户和家庭安全"下单击"添加或删除用户账户"按钮,如图 2-42 所示。

图 2-41　选择打印机

图 2-42　"管理账户"窗口

　　(2) 在打开的"管理账户"窗口中单击"创建一个新账户"链接,打开"创建新账户"窗口,如图 2-43 所示。输入账户名称,如输入"大连",选中"标准用户"单选按钮,单击"创建账户"按钮。

　　(3) 返回到"管理账户"窗口中,可以看到新建的账户。如果想删除某个账户,可以单击账户名称。在此选择"大连"账户,打开"更改账户"窗口,如图 2-44 所示,单击"删除账户"链接。

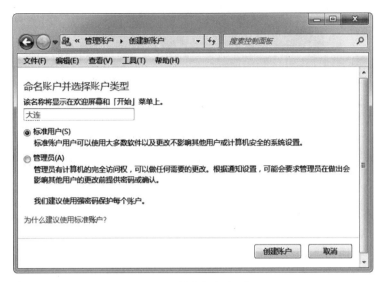

图 2-43　"创建新账户"窗口

图 2-44　"更改账户"窗口

（4）此时会打开"删除账户"窗口，如图 2-45 所示。因为系统为每个账户设置了不同的文件，包括桌面、文档、音乐、收藏夹、视频文件等，如果用户想保留该账户的这些文件，则可以单击"保留文件"按钮，否则单击"删除文件"按钮。

（5）弹出"确认删除"对话框，单击"删除账户"按钮即可。返回"管理账户"窗口，此时选择的账户已被删除。

2. 设置账户的属性

添加一个账户后，用户还可以设置其名称、密码和图片等属性。具体操作步骤如下。

（1）用前面介绍的方法打开"管理账户"窗口，选择需要更改属性的账户。

（2）单击"更改账户名称"链接，打开"重命名账户"窗口，输入账户的新名称，单击"更改名称"按钮。

（3）单击"创建密码"链接，打开"创建密码"窗口，在密码文本框中输入两次相同的密

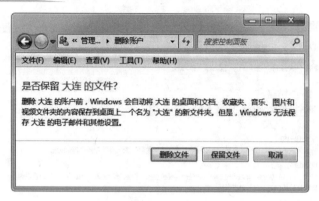

图 2-45 "删除账户"窗口

码,单击"创建密码"按钮。

（4）单击"更改图片"链接,打开"选择图片"窗口,系统提供了很多图片供用户选择。选择喜欢的图片,单击"更改图片"按钮即可更改图片。如果用户想将自己的图片设为账户图片,则可以单击"浏览更多图片"按钮,在弹出的对话框中选择自己的图片,单击"打开"按钮即可。

（5）单击"更改账户类型"链接,打开"更改账户"窗口,可以更改账户的类型（标准用户或管理员）。

3. 为账户设置家长控制

为用户账户设置家长控制的具体操作步骤如下。

（1）单击"开始"按钮,选择"控制面板"选项,打开"控制面板"窗口,在"用户账户和家庭安全"下单击"为所有用户设置家长控制"图标,打开"家长控制"窗口,如图 2-46 所示。

图 2-46 "家长控制"窗口

（2）单击"创建新用户账户"，打开"创建新用户"窗口，输入新用户的名称"游戏"，单击"创建账户"按钮，此时会创建"游戏"账户。单击"游戏"账户，进行用户控制设置，如图 2-47 所示。

图 2-47　用户控制设置

2.5.6　软件安装与删除

应用软件（如办公自动化软件 Office、图像处理软件 Photoshop 等）并不包含在Windows 系统内，要使用它们，必须进行安装。各种软件的安装方法大同小异，可以从资源管理器进入，通过双击软件中的 Setup 或 Install 程序进行安装。当不需要某个应用软件的时候，可以从系统中卸载，以节省系统资源。

在 Windows 7 中，软件的卸载可通过"程序和功能"工具来实现，该工具可以帮助用户管理系统中的程序。在"控制面板"窗口中单击"程序"图标，再单击"程序和功能"，可打开"程序和功能"窗口，如图 2-48 所示。

1. 更改或删除程序

在"程序和功能"窗口中列出了已在 Windows 系统中安装的大部分应用程序，选定要操作的程序名称，然后单击"卸载"或"更改"按钮，即可卸载或者更改程序。在 Windows中删除应用程序时，应该使用该方法来实现，不要只删除应用程序的文件夹或快捷方式，因为许多程序安装时会在操作系统的文件夹中加入程序的连接文件，删除方法不当会造成删除不完整。

2. 添加新程序

当从光盘上添加程序时，将要安装的软件所在的光盘插入光盘驱动器，然后双击光盘

图 2-48　"程序和功能"窗口

的图标,系统会自动搜索光盘驱动器,列出所有的新程序。用户可以选择要安装的程序,然后按照向导进行安装即可。

2.6　Windows 自带应用程序的使用

2.6.1　应用程序的启动、退出与切换

1. 启动应用程序

在 Windows 7 中,启动应用程序有多种方法,下面介绍几种常用的方法。

(1)通过"开始"菜单启动应用程序。操作步骤如下。

单击"开始"按钮,将鼠标指针指向"所有程序"选项。

如果需要的应用程序不在"所有程序"菜单中,则应打开包含该应用程序的文件夹。

找到应用程序后,单击应用程序名称即可。

(2)通过资源管理器或"计算机"窗口启动应用程序。在资源管理器或"计算机"窗口中,找到需启动的应用程序的执行文件,然后双击该文件即可启动应用程序。

(3)单击 按钮,在"开始"菜单中选择"所有程序"子菜单中的"附件"选项,选择菜单中的"运行"选项,弹出"运行"对话框,如图 2-49 所示。在"打开"文本框中输入要打开的程序的完整路径和文件名。

(4)利用桌面快捷图标。若在桌面上放置了应用程序的快捷图标,则双击桌面上的相应快捷图标,即可快速启动应用程序。

图 2-49　"运行"对话框

2. 退出应用程序

在 Windows 7 中，退出应用程序的方法也有很多，主要有以下几种方法。

(1) 单击应用程序窗口右上角的关闭按钮。

(2) 选择应用程序"文件"菜单中的"退出"选项。

(3) 按 Alt＋F4 键。

(4) 当某个应用程序不再响应用户操作时，可以按 Ctrl＋Alt＋Del 键弹出"Windows 任务管理器"对话框，如图 2-50 所示。在"应用程序"选项卡中选择要结束的程序，单击 "结束任务"按钮，即可关闭程序。

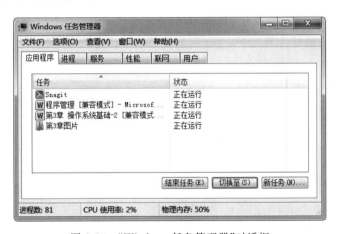

图 2-50　"Windows 任务管理器"对话框

3. 应用程序间的切换

Windows 具有多任务特性，可以同时运行多个应用程序。打开一个应用程序，在任务栏上就会产生一个对应的图标按钮。同一时刻，只有一个应用程序处于"前台"，称为当前应用程序。其窗口处于最前面，标题栏呈高亮显示，任务栏上的相应按钮呈凹陷状态。切换当前应用程序的方法主要有以下 4 种。

(1) 单击任务栏中对应的图标按钮。

(2) 单击桌面中应用程序窗口的可见部分。

（3）使用 Alt＋Esc 键，循环切换应用程序。

（4）使用 Alt＋Tab 键，弹出显示所有活动程序的图标和名称的窗口，按住 Alt 键，不断按 Tab 键选择所需程序的图标，选中之后，释放按键，如图 2-51 所示。

图 2-51　利用 Alt＋Tab 键进行程序切换

有时，可能需要使多个窗口同时可见，这时可以自动调整窗口的大小和位置，只需在任务栏的空白处右击，弹出快捷菜单，选择"层叠窗口""堆叠显示窗口"或"并排显示窗口"选项即可。选择"撤销"命令可以恢复为原来的布局状态。

2.6.2　Windows 自带应用程序

Windows 系统在"附件"中自带了几个小的应用软件，主要包括计算器程序、画图程序、写字板程序等。

1. 计算器

单击"开始"按钮，选择"所有程序"菜单中的"附件"选项，然后选择"计算器"选项，打开"计算器"窗口，如图 2-52 所示，其中，左为标准型计算器，右为科学型计算器。其使用方法和日常生活中的计算器几乎一样，只需要用鼠标单击相应的数字和运算符，就可以得到运算结果。

图 2-52　"计算器"窗口

在计算器的"查看"菜单中选择"科学型"选项，会弹出科学型计算器窗口，运算功能进一步加强，可以进行一些常用数学函数，如 $\sin()$、$\cos()$、$\log()$ 等的计算，还可以进行角度的转换运算。

2. 画图

可以用画图程序创建简单或者精美的图画,这些图画可以是黑白的,也可以是彩色的,并可以保存为位图文件。可以利用画图程序打印图片,或者将其粘贴到另一个文档中,也可以将其作为桌面背景。还可以用画图程序查看和编辑扫描好的照片。用户可以使用画图程序处理图片,如扩展名为 jpg、gif 或 bmp 的文件。

单击"开始"按钮,选择"所有程序"菜单中的"附件"选项,然后选择"画图"选项,会打开如图 2-53 所示的画图窗口。

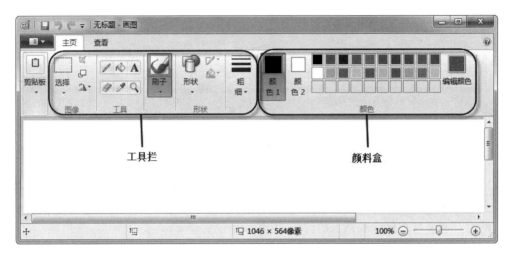

图 2-53 画图窗口

3. 写字板

写字板是 Windows 提供的一个比较简单的文字处理程序。利用写字板可以撰写报告、书信、文件等,并且可以在文档中插入图片。可以对文档格式化并且可以打印文档。写字板还支持对象的链接与嵌入,由写字板生成的文档可以通过剪贴板传送给其他 Windows 应用程序。写字板保存的文件的扩展名为 rtf。

单击"开始"按钮,选择"所有程序"菜单中的"附件"选项,选择"写字板"选项,打开如图 2-54 所示的写字板窗口。

2.6.3 在应用程序间传递信息

下面介绍在 Windows 系统下,应用程序间是如何嵌入对象和链接对象的。

首先介绍剪贴板,剪贴板是 Windows 在内存中开辟的一块特殊的临时区域,用来在 Windows 程序之间、文件之间传递信息。用户经常进行的复制、剪切和粘贴操作都会用到剪贴板。

1. 剪贴板的使用

使用剪贴板的步骤和方法如下。

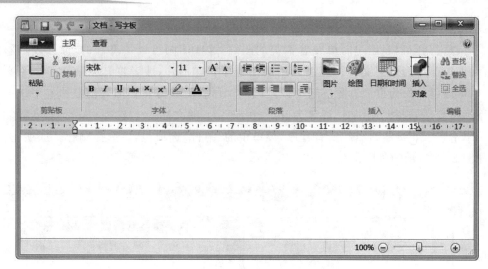

图 2-54　写字板窗口

1）将信息传递到剪贴板

选定要复制的信息，再选择应用程序"编辑"菜单中的"复制"或"剪切"选项。

选定的信息可以是文本、图片、表格等。"复制"与"剪切"略有不同，"复制"选项将选定的信息复制到剪贴板上，并且源文件保持不变；"剪切"选项将选定的信息移动到剪贴板上，同时在源文件中删除被选定的内容。

2）从剪贴板中粘贴信息

切换到要粘贴信息的应用程序，将插入点定位到要放置信息的目标位置上，选择目标程序"编辑"菜单中的"粘贴"或"选择性粘贴"选项即可。

将信息粘贴到目标位置后，剪贴板中的内容保持不变，因此可以进行多次粘贴，而且既可以在同一文件中多处粘贴，也可以在不同文件中粘贴。

剪贴板是实现对象复制、移动等操作的基础。但是，用户不能直接感觉到剪贴板的存在，如果要观察剪贴板中的内容，则可以使用剪贴簿查看器。打开剪贴簿查看器的方法是：选择"开始"菜单中的"运行"选项，在弹出的"运行"对话框中输入 clipbrd，再单击"确定"按钮，剪贴簿查看器就会显示已复制到剪贴板的信息。用户可以将剪贴板中的信息永久保存在本地剪贴簿中并和其他用户共享，也可以清除剪贴板中的信息。

2. 在写字板中嵌入画图对象

1）对象嵌入

打开画图程序，制作一幅图片。选择要嵌入写字板文档的对象，使用"剪切"或者"复制"命令将对象传送到剪贴板，如图 2-55 所示。

打开写字板程序，在其中输入一些文本，并将光标定位在要嵌入图片的位置。然后选择"编辑"菜单中的"粘贴"选项，或者单击工具栏中的"粘贴"按钮，选择的图片就会嵌入指定的位置，如图 2-56 所示。

2）编辑嵌入的图片

打开包含图片的写字板文档，在该文档中双击嵌入的图片，系统将自动启动画图程

图 2-55 把画图程序中的对象放入剪贴板

图 2-56 在写字板文档中嵌入图片

序,并打开该图片。在画图窗口中编辑图片,编辑完成后,单击该图片以外的任何地方,便会返回写字板窗口。

3. 在写字板中链接画图对象

使用画图程序建立一个图片文件,为其命名并保存。打开写字板程序,确定插入图片的位置,然后在写字板窗口中选择"插入"菜单中的"对象"选项,打开"插入对象"对话框,选中"由文件创建"单选按钮,如图 2-57 所示。在文本框中输入图片文件所在的路径,或者单击"浏览"按钮找到图片文件存放的具体位置,然后选择"链接"复选框,单击"确定"按钮完成操作。

图 2-57 "插入对象"对话框

4. 嵌入与链接的区别

嵌入的对象插入到目标文档后,该对象与源文档的对象不再发生关系,改变源文档对象,不会影响目标文档中的对象,反之亦然。嵌入对象实际上是把源文档的对象的副本插入到目标文档中。

链接对象是使目标文档和源文档共享一个对象,实质上就是在源文档和目标文档之间建立一条链路,将它们联系起来,修改其中一个,将影响到另一个。

对象的链接主要用于在多个文档中使用相同的信息,从而保证数据的一致性。链接对象时,可以使源文档与多个目标文档建立链接,即多重链接。另外,还可以对链接进行维护,包括改变其更新方式、切换链接、更新链接等。

2.6.4 桌面小工具的使用

1. 添加桌面小工具

在桌面空白处右击,弹出快捷菜单,选择"小工具"选项,打开如图 2-58 所示的窗口。双击小工具图标即可将其添加到桌面上,也可以拖动小工具到桌面上。

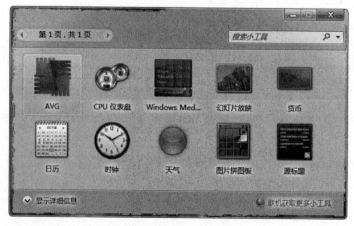

图 2-58 小工具窗口

2. 自定义桌面小工具

将小工具添加到桌面后,可以根据需要调整其位置和大小、更改选项、将其设置为前端显示或暂时隐藏等。

1) 移动小工具

默认情况下,小工具彼此"粘住",并且位于屏幕的右边缘。但是用户可以更改小工具的顺序,也可以将其移动到桌面上的任何位置,用鼠标将小工具拖动到桌面上的新位置即可。如果有两个或多个显示器,可以将小工具放到其中任何一个显示器上。

2) 调整小工具大小

右击要调整大小的小工具,弹出快捷菜单,选择"大小"选项,可以选择此小工具的大小。有些小工具不能调整大小,例如时钟。

3) 更改选项

右击要更改选项的小工具,弹出快捷菜单,选择"选项"选项,在弹出的对话框中就可以对小工具进行相应的设置。例如,在时钟小工具的选项里可以选择时区。有些小工具可能没有选项。

4) 前端显示小工具

如果需要将某个小工具始终保持在打开窗口的前端,以使这些小工具始终可见,可以右击此小工具,在弹出的快捷菜单中选择"前端显示"选项。取消前端显示的方法是把"前端显示"的复选标记去掉。

5) 隐藏小工具

如果需要暂时隐藏桌面小工具,在桌面上右击,弹出快捷菜单,选择"查看"选项,取消"显示桌面小工具"复选标记。隐藏小工具不会从桌面上删除小工具。

3. 卸载小工具

在如图 2-58 所示的小工具窗口中,在要卸载的小工具上右击,弹出快捷菜单,选择"卸载"选项就可以将其卸载。

4. 删除小工具

如果要删除桌面上的小工具,则可以在要删除的小工具上右击,弹出快捷菜单,选择"关闭小工具"选项。

2.7 上机实践

2.7.1 上机实践1

启动 Windows 7 操作系统,完成如下操作。

(1) 利用任务栏上的时钟图标查看、修改系统当前日期和时间。利用声音图标设置系统静音。

(2) 设置任务栏自动隐藏。

操作提示:在任务栏空白处右击,在快捷菜单中选择"属性"选项,在"任务栏和【开始】菜单属性"对话框中可以设置锁定任务栏、自动隐藏任务栏以及任务栏的位置等。

(3) 打开"计算机"、Internet Explorer、"回收站"等多个窗口,在多个窗口间切换,使不同的窗口成为活动窗口。

操作提示:利用 Alt+Tab 或 Alt+Esc 组合键,将不同的窗口切换为活动窗口。

(4) 分别以"列表"和"详细信息"方式显示 C 盘中的文件和文件夹。

(5) 对 C 盘中的文件和文件夹按"类型"重新排列。

(6) 显示和隐藏窗口中的菜单栏和导航窗格。

操作提示:在"计算机"窗口中,选取或取消"组织"→"布局"中的"菜单栏"或相应窗格选项,即可显示或隐藏菜单栏及窗格。直接按 Alt 键也可以在"计算机"窗口中显示菜单栏。

(7) 按照下列要求设置文件夹选项:

① 在窗口中不显示具有隐藏属性的文件和文件夹。

② 显示已知文件类型的扩展名。

③ 在标题栏显示完整路径。

操作提示:执行菜单命令"工具"→"文件夹选项",在"文件夹选项"对话框的"查看"选项卡中可以对文件和文件夹在窗口中的显示方式进行设置,如图 2-59 所示。

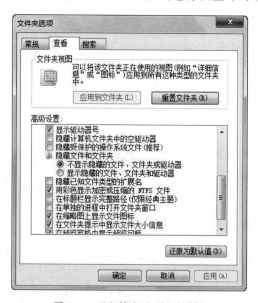

图 2-59 "文件夹选项"对话框

(8) 在桌面上建立 Microsoft Word 2010 应用程序的快捷方式。

(9) 打开控制面板,完成如下操作:

① 将某个图片文件设置为桌面背景。

② 设置一个屏幕保护程序,等待时间为 3min。

③ 卸载计算机上已经安装的某个程序。

2.7.2 上机实践 2

打开 Windows 7 资源管理器，完成如下操作。

(1) 浏览 C 盘中的内容。

(2) 分别选用图标、列表、详细信息等方式显示 C 盘内容，观察其区别。

(3) 分别按照名称、类型、大小和修改日期等对 C 盘内容进行重新排列，观察其区别。

(4) 在 D 盘建立两个文件夹，命名为 Test1 和 Test2；在 E 盘建立一个文件夹，命名为 Test3。在 Test1 中建立 Word 文件 w1.docx 和文本文件 t1.txt。使用鼠标拖曳方式将 w1.docx 分别复制到 Test2 和 Test3 文件夹中。使用快捷键将 t1.txt 移动到 Test2 文件夹中。

(5) 将 D:\Test2\w1.docx 更名为 w2.docx。将 w2.docx 删除，然后再将其恢复到原来位置，最后将回收站清空。

操作提示：按 Delete 键可以将文件删除并放入回收站。要想直接将文件从磁盘上彻底删除而不放入回收站，可以先选中要删除的文件，然后按 Shift+Delete 键。彻底删除后的文件不能再恢复。

(6) 在桌面上建立 E:\Test3\w1.doc 的快捷方式，并利用快捷方式打开该文件。

操作提示：在 w1.doc 文件上右击，在弹出的快捷菜单中选择"发送到"子菜单中的"桌面快捷方式"选项。

(7) 查看 D:\Test2 中 t1.txt 文件的属性，并将其属性设置为"只读"和"隐藏"。

(8) 搜索 C 盘上文件名第二个字母为 a、扩展名为 .txt 的文件，并将搜索结果中的任意一个文件复制到桌面。

操作提示：搜索时，可以使用通配符"*"和"?"。"*"表示任意多个字符，"?"表示任意一个字符。

(9) 搜索 D 盘上 2014 年内修改过的所有 .bmp 文件。

操作提示：单击搜索框，除了可以输入搜索文本外，还可以选择添加"修改日期"和"大小"等搜索选项，这样会在搜索文本中添加"搜索筛选器"（如"修改日期"），将为用户提供更准确的搜索结果。

第 3 章 文字处理软件 Word 2010

Word 2010 和 Excel 2010、PowerPoint 2010、Outlook 2010、Publisher 2010、OneNote 2010、Access 2010 等组件全称为 Office 2010 办公套件。Word 2010 以增强的导航功能、翻译功能和协同办公等功能提升了办公自动化的品质和效率。

3.1 Office 2010 概述

Office 2010 可支持 32 位和 64 位 Windows Vista、Windows 7 和 Windows 10 操作系统。微软公司面向不同用户推出的 Office 2010 版本包括 Office 初级版、Office 标准版、Office 专业版和 Office 高级版等。

3.1.1 Office 2010 组件

Word 2010 是图文编辑工具,集全面的写入工具和易用界面于一体,用于创建和编辑具有专业外观的文档。

Excel 2010 是用于数据处理的一组功能强大的电子表格处理程序,可以用于计算、分析信息以及可视化电子表格中的数据。

PowerPoint 2010 是功能强大的演示文稿制作工具,使用 Smart 图形功能和格式设置工具,可以快速创建和编辑用于幻灯片播放、会议和网页的演示文稿。

Access 2010 是桌面数据库管理系统,可以用来创建数据库应用程序,并跟踪与管理信息。

Outlook 2010 作为电子邮件客户端,是一个全面的时间与信息管理器,可以用来发送和接收电子邮件,管理日程、联系人和任务,以及记录活动。

Publisher 2010 是出版物制作程序,用于打印桌面及 Web 发布的应用程序,其中包括用户创建和分发 Web 出版物所需的工具。

OneNote 2010 是数字笔记本程序,用于搜集、组织、查找和共享用户的笔记和信息,保证用户能更有效地工作和共享信息。

Office SharePoint Designer 2010 是 Web 站点开发与管理程序,它提供的工具可以让用户使用最新的 Web 设计技术,以及在 IT 环境中确立标准,构建和参与 SharePoint 网站。

Microsoft InfoPath Designer 2010 用来设计动态表单,以便在整个文档中收集和重用信息。

Office 2010 还包括其他一些工具,例如,Office Visio 2010,用于创建、编辑和共享图表;Office Project 2010,用于项目计划、跟踪和管理项目以及与工作组交流;Microsoft InfoPath Filler 2010,用来填写动态表单。这些工具一般只有专业人员才会使用。

3.1.2 Office 2010 的特性

微软公司在全球范围内面向企业客户发布了包括 Office 2010 在内的新一代商业平台软件。除了在功能上的改进,重点在于 Office 2010 在线应用,表明微软公司在这一领域开始了与 Google 公司的直接竞争。

Office 2010 的新特性概述如下。

1. Office 2010 的全局特性

1) 性能与界面

Office 2010 的启动速度与以前版本相比有较大的提升。半透明的窗口标题栏与系统的 Aero 特效完美融合。功能区(Ribbon)菜单中的按钮取消了边框,使得界面整体清爽、简洁。此外,优化了伸缩性设计,提升了界面空间的利用率。

2) 保护视图

当打开从不安全的位置获得的文件时,Office 2010 会自动进入保护视图。保护视图相当于沙箱,防止来自 Internet 和其他不安全的位置的文件中可能包含的病毒、蠕虫和其他恶意软件,避免它们对计算机可能构成的危害。在保护视图中,只能读取文件并检查其内容,不可进行编辑等操作,降低了可能发生的风险。

3) 自定义功能区

在 Office 2010 中,Ribbon 工具栏不仅变得更加强大和智能,也变得更加人性化,其中的一个特点便是拥有了自定义功能。用户可以根据自己的需要调整工具栏按钮,可以自定义 Ribbon、工具选项卡、快速访问栏等的设置。

4) 保存功能增强

在以前的版本中,当退出 Office 并单击"不保存"按钮后,当前编辑的内容将不会保存。在 Office 2010 中,即使用户单击了"不保存"按钮,Office 依然会为用户提供一个自动备份的文档,避免由于误操作而造成的损失。由于是自动备份产生的文档,所以内容并非一定就是在退出 Office 时看到的内容,但是,还是将用户的风险尽可能降到了最低。

5) 屏幕截图功能

Office 2010 可以自动缓存当前所有已打开的窗口的截图,只需单击,便可将相应窗口的截图插入到编辑区域中。此外,Office 2010 还提供了自定义截图的"屏幕剪辑"功能,并且会自动隐藏 Office 组件窗口,以免对需要截图的内容造成遮挡,很好地满足了不同用户的需求。

6）SmartArt 功能

用户可以使用 SmartArt 自带的丰富的模板及编辑工具制作流程图。在 Office 2010 中，SmartArt 自带资源得到了进一步扩充。其"图片"标签便是新版 SmartArt 的最大亮点，用它能够轻松制作出"图片＋文字"的抢眼效果，同时其他类别中也增加了新图形。

2. Word 2010 的特性

1）增强了的导航窗格

Word 2010 对导航窗格有了进一步的增强，使之具有标题样式判断、即时搜索的功能。单击主窗口上方的"视图"面板，在"显示"组中勾选"导航窗格"选项，即可在主窗口的左侧打开导航窗格。使用导航窗格，可以快速跳转到文章不同章节的开头处，方便对文章章节的整理和编辑。

2）背景移除工具

在 Word 2010 中还内嵌了强大的背景移除工具，其效果甚至可以与专业图片处理软件相媲美，并且非常易用。

3）翻译功能

翻译功能在 Word 2010 中也得到了加强，不仅加入了全文在线翻译的功能，还添加了屏幕取词助手。

4）协同办公

使用"共享"功能可轻松实现云存储与协同办公。Word 2010 支持云存储服务及协同办公，通过"共享"功能，就可满足用户多种需求。

5）书法字帖

Word 2010 中还添加了一项非常具有中国特色的功能——书法字帖。使用"文件"菜单"新建"命令中的"书法字帖"模板，即可轻松创建属于自己的书法字帖。

3. Excel 2010 的特性

1）函数功能

Excel 2010 的函数功能在整体继承 Excel 2007 的基础上，更加充分地考虑了兼容性问题，为了保证文件中包含的函数可以在 Excel 2007 以及更早的版本中使用，添加了"兼容性"菜单，使用户的文档在不同版本中都能够正常使用。

2）条件格式

在 Excel 2010 中，增加了更多条件格式，在"条件格式"的"数据条"选项下新增了"实心填充"功能。选择实心填充之后，数据条的长度表示单元格中值的大小。在效果上，"渐变填充"也与以前版本有所不同。在易用性方面，Excel 2010 比以前版本有更多优势。

3）数学公式编辑

在"插入"面板中增加了"公式"图标，单击该图标后，Excel 2010 便会进入公式编辑页面，在这里可以直接输出二项式定理、傅里叶级数等专业的数学公式。同时它还提供了包括积分、矩阵、大型运算符等在内的数学符号，以满足专业用户的录入需要。

4. PowerPoint 2010 的特性

1）主题更加丰富

除了内置的几十款主题之外,还可以直接下载网络主题,不仅极大地增强了幻灯片的美化功能,同时,在操作上也变得更加便捷。

2）广播幻灯片

"广播幻灯片"是 PowerPoint 2010 中新增加的一项功能。该功能允许其他用户通过互联网同步观看主机的幻灯片播放,类似于电子教室中经常使用的视频广播等应用。

3）切换面板与动画面板

PowerPoint 2010 增加了一个"切换"面板,与"动画"面板分别负责"换页""对象"的动画设置。由于两者功能不同,面板的设计也略有差别。同时,在新版中摒弃了过去"慢速""中速""快速"3 挡速度的设计,直接采用秒数进行标记,让幻灯片切换更精确,也能更好地满足用户需求。

4）丰富的音频、视频编辑功能

PowerPoint 2010 内置了丰富的音频、视频编辑功能,可以很容易地对插入的影音资源执行修正。除了拥有便捷的视频截取功能外,它还专门提供了"淡入淡出""音量大小"等常规调节功能。此外,用户也可以通过鼠标悬停,直接在幻灯片上预览影像,操作方便,降低了复杂幻灯片的整体制作难度。

5）文档压缩

为了方便用户存储、播放幻灯片,PowerPoint 2010 中还提供了针对不同应用环境的文档压缩功能,该功能对于包含大量图片的幻灯片效果尤其明显。使用时,在"文件"选项卡的"信息"选项中即可看到"压缩媒体"按钮。

总之,Office 2010 提供了更为强大的协作平台、全新的协同工具,使团队成员可同时工作于同一文档,从而避免文档的版本问题和同步冲突。无论是在 Excel 2010 中编辑工作表数据,还是在 Word 2010 中处理业务文档,或者使用 OneNote 2010 共享笔记本,团队成员均可以在跨地域场景中实时协作。与此同时,产品的功能特性、安全性均不会受到任何影响。

Office 2010 还提供在线编辑功能,仅需借助浏览器即可直接开始工作。全新的Office Web App 可被视为 Word、Excel、PowerPoint、OneNote 的在线版本,它为用户提供了轻量级的文档编辑功能。Web App 可由 Microsoft SharePoint 2010 提供,有强大的安全保障。值得强调的是,在浏览器中打开的文档,在内容、格式上不会发生任何改变。IT 部门可以帮助其他员工随时随地开展工作,而且后续技术支持的工作量也比以往有了很大减轻。

Office 2010 大幅提升了用户的工作潜能。Microsoft Office Business Application 通过 SharePoint 2010 和 Microsoft BCS(业务连接服务)将信息、工作流和业务进程无缝整合,缩短了人员的培训周期,提高了数据中心利用率,提升了工作效率。Office 2010 在工作流、表单和社交网络等方面与 SharePoint 解决方案整合得更为紧密。

3.2　Word 2010 窗口

文字处理软件是提供文字输入、编辑和输出环境的软件。Word 集文字、表格、图形的编辑、排版、打印功能于一体，其操作简单、灵活，为用户提供了一个良好的文字处理环境。

在 Windows 7 环境下，执行"开始"→"所有程序"→Microsoft Office→Microsoft Office Word 2010 命令，打开 Word 2010 应用程序窗口，同时系统自动创建文档编辑窗口，并用"文档 1"命名。每创建一个文档，便打开一个独立的窗口。

Word 窗口由标题栏、快速访问工具栏、"文件"选项卡、功能区、文本编辑区及状态栏等部分组成，如图 3-1 所示。下面介绍其中的几个主要部分。

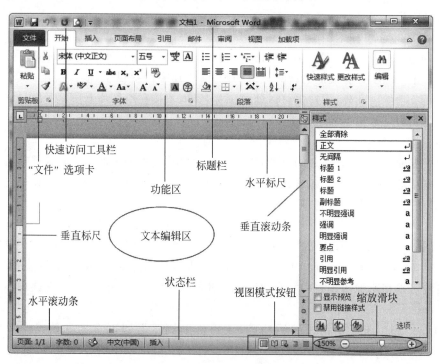

图 3-1　Word 2010 窗口

1. 标题栏

标题栏位于 Word 窗口的顶端，它显示当前编辑的文档名称以及文档是否为兼容模式。标题栏最右侧是 Word 的最小化、最大化和关闭按钮。

2. 快速访问工具栏

在标题栏的左侧是快速访问工具栏。用户可以在快速访问工具栏上放置一些最常用的命令，例如新建、保存、撤销、打印等命令。快速访问工具栏与以前版本中的工具栏类似，但是以前版本的工具栏中的命令按钮不能动态调整。

用户可以非常灵活地增减、删除快速访问工具栏中的命令项。要在快速访问工具栏中增加或者删除命令,只需要单击快速访问工具栏右边的向下箭头按钮,在下拉菜单中单击选中命令或者取消选中的命令。

如果选择"自定义快速访问工具栏"中的"在功能区下面显示"命令,这时快速访问工具栏就会出现在功能区下方。

3. 功能区

Word 2010 取消了传统的菜单操作方式,而代之以各种功能区。功能区最上方看起来像菜单的名称,其实是功能区的名称,当单击这些名称时并不会打开菜单,而是切换到与之相对应的功能区面板。Word 2010 的功能区包括"开始""插入""页面布局""引用""邮件""审阅""视图"等。另外,每个功能区根据操作对象的不同又分为若干个组,每个组集成了功能相近的命令。

可以选择"最小化功能区"命令,这时功能区将最小化,只显示功能区的名字,隐藏了功能区中包含的具体命令项。如果用户在浏览、操作文档内容时使用该命令,可以增大文档显示的空间。用户也可以通过 Ctrl+F1 快捷键实现功能区的最小化操作;再按一次 Ctrl+F1 快捷键,就可以将功能区还原到默认设置。

Word 2010 最显著的变化就是使用"文件"选项卡代替了 Word 2007 中的 Office 按钮,使用户更容易从 Word 2003 和 Word 2007 等旧版本中迁移到 Word 2010。

4. 文本编辑区

文本编辑区是输入、编辑文档的区域,可以在此区域输入文档内容,并进行编辑、排版。

5. 视图模式

在 Word 2010 中提供了多种视图模式供用户选择,包括页面视图、阅读版式视图、Web 版式视图、大纲视图和草稿视图 5 种视图模式。用户可以在"视图"功能区中选择需要的文档视图模式,也可以在 Word 2010 文档窗口的右下方单击视图模式按钮选择视图。

1) 页面视图

页面视图可以显示 Word 文档的最终结果,包括页眉、页脚、图形对象、分栏设置、页面边距等元素,是最接近打印结果的页面视图。

2) 阅读版式视图

阅读版式视图以阅读版式显示 Word 文档,"文件"选项卡、功能区等窗口元素被隐藏起来。在阅读版式视图中,用户还可以单击"工具"按钮选择各种阅读工具。

3) Web 版式视图

Web 版式视图以网页的形式显示文档。Web 版式视图适用于发送电子邮件和创建网页。

4) 大纲视图

大纲视图主要用于设置 Word 文档标题的层级结构,并可以方便地折叠和展开各种层级的内容。大纲视图通常用于长文档的快速浏览和设置。

5）草图视图

草稿视图取消了页面边距、分栏、页眉页脚和图片等元素，仅显示标题和正文，是最节省计算机系统硬件资源的视图方式。现在计算机系统的硬件配置都比较高，基本上不存在由于硬件配置偏低而使 Word 2010 运行遇到障碍的问题。

6. 关于本书操作的描述方式

Office 2010 操作涉及功能区中的面板、面板中的组和组中的命令按钮。为了能清晰表达操作过程，本书采用统一的文字描述形式。例如，要执行段落"居中"操作，描述为：单击"开始"面板"段落"组中的"居中"按钮。

在不会产生歧义的情况下，本书有时也表述为：执行"开始"→"段落"→"居中"命令。

3.3　建立和编辑文档

3.3.1　建立文档

启动 Word 后，会自动建立一个新文档。也可以执行"文件"→"新建"命令或使用快速启动工具栏中的"新建"按钮来创建文档。新建的文档默认名为"文档 1"。Word 2010 文档以 .docx 为文件扩展名。

1. 输入文本

输入文本时，编辑区内闪烁的竖线光标称为插入点，它标识着文字输入的位置。随着文字的不断输入，插入点自动右移。输入到行尾时，会自动换行。需要开始新的一段时，按 Enter 键，此时产生一个段落标记，插入点移到下一行行首。选择"开始"选项卡"段落"组中的"显示/隐藏编辑标记"命令，可显示或隐藏段落标记。

如果在录入过程中出现了错误，可以使用 Backspace 键删除插入点前面的一个字符，按 Delete 键可删除插入点后面的一个字符。当需要在已输入完成的文本中插入文字时，需将鼠标指向新的位置并单击，然后输入，这样新输入的文字就会出现在插入点位置。

输入文本时，经常会删除字符或词组，比较常见的按键操作方法如下：

在键盘上按下 Delete 键，可将选中文本删除，也可删除插入点后面的一个字符。

在键盘上按下 Backspace 键，可将选中文本删除，也可删除插入点前面的一个字符。

在键盘上按下 Ctrl+Delete 组合键，可将插入点后面的一个词组删除。

在键盘上按下 Ctrl+Backspace 组合键，可将插入点前面的一个词组删除。

2. 插入特殊符号

在输入文本时，可能经常需要输入一些键盘上没有的特殊符号，例如①、☆、⊙等。操作步骤如下：

（1）在 Word 编辑窗口中，将插入点定位到需要插入字符的位置。

（2）单击"插入"面板"符号"组中的"符号"按钮，打开"符号"面板，如图 3-2 所示，可以选择需要的特殊符号插入到文档中。

（3）如果单击"符号"面板中的"其他符号"选项，就会出现"符号"对话框，如图3-3所示。

图3-2 "符号"面板   图3-3 "符号"对话框

（4）选择要插入的符号，单击"插入"按钮，即可在插入点处插入该符号。

插入特殊符号也可以使用输入法状态栏的软键盘实现。

3. 保存文档

文本输入完毕，需要保存文档到指定的磁盘中，操作步骤如下：

（1）执行"文件"→"保存"命令或单击快速访问工具栏"保存"按钮，弹出如图3-4所示的"另存为"对话框。

图3-4 "另存为"对话框

（2）在文件夹窗格中，选择文件的保存位置，在"文件名"文本框中输入新的文件名，单击"保存"按钮，完成文档保存操作。

Word 提供了自动保存功能来防止断电或死机等意外事故的发生。自动保存是指在指定时间间隔中自动保存文档的功能。单击"文件"选项卡中的"选项"按钮，在打开的"选项"对话框中，选择"保存"选项来指定自动保存时间间隔，默认为 10min。

单击"文件"选项卡中的"另存为"按钮，在打开的"另存为"对话框中选择文件夹并输入新的文件名，可将该文档另存为备份，这样在原来文档的基础上又产生了一个新文档。

4. 保护文档

Word 通过设置文档的安全性来实现文档保护功能。如果用户要对文档进行打开限制、格式设置限制或编辑限制，可以启用"保护文档"功能。

保护文档的操作步骤如下：

（1）在需要保护的文档的编辑窗口中单击"文件"选项卡中的"信息"按钮，打开"信息"对话框。

（2）单击"保护文档"按钮，选择"用密码进行加密"，在"加密文档"对话框的"密码"文本框中设置密码，如图 3-5 所示。

（3）单击"确定"按钮，出现"重新输入密码"对话框。再次输入刚才设置的密码，单击"确定"按钮，完成密码设置。

若不希望其他用户查看或修改文档，也可以给文档设置打开密码和修改密码。例如，给文档 myword.docx 加上打开密码 AAAAA 和修改密码 BBBBB 的操作步骤如下：

（1）打开文档 myword.docx。

（2）执行"文件"→"另存为"命令，打开"另存为"对话框，再选择"工具"下拉列表中的"常规选项"命令，出现"常项选项"对话框，在"打开文件时的密码"和"修改文件时的密码"文本框中分别设置密码，如图 3-6 所示。

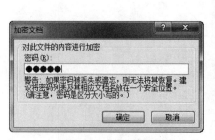

图 3-5　"加密文档"对话框　　　　　　　　图 3-6　"常规选项"对话框

（3）单击"确定"按钮后，在弹出的对话框中再次输入刚才设置的密码，完成密码设置。

（4）保存文件。当再次打开该 Word 文档时，需要输入文件密码。

5. 关闭文档

单击"文件"选项卡中的"关闭"按钮，或单击该 Word 窗口右上角的关闭按钮，即可关闭文档。

3.3.2　编辑文档

文档的编辑是指对文档内容进行插入、修改、删除等操作。

1. 打开文档

如果想打开已有的文档，可以按如下步骤操作：

（1）单击"文件"选项卡中的"打开"按钮，弹出"打开"对话框。

（2）在"打开"对话框中，在左侧的文件夹窗格中选择要打开的文件所在的磁盘和文件夹，在文件和文件夹列表框中选择要打开的文件名，单击"打开"按钮，即可打开文档。

2. 选择文本

要编辑文档的内容，首先选择要编辑的文本内容，被选中的文本呈反白显示。

1）选择文本的一般方法

用鼠标指针从要选择的文本的起始位置拖动到要选文本的结束位置，鼠标经过的文本区域被选中；如果将鼠标指针移动到文档某段落中连续单击三下，可选中该段落；若将鼠标指针移动到需要选中的字符前，按住 Alt 键，单击并拖动，可选中鼠标经过的矩形区域。

2）使用选定栏选择文本

文档窗口中文字左侧的空白区域称为选定栏，将鼠标指针移到该栏内，指针将变为向右指的空心箭头$\nwarrow$。在选定栏中单击可选中一行，拖动可选中连续多行，双击会选中整个段落，连续单击三下可选中整篇文档。

3）使用 Ctrl 键选择文本

在 Word 中，按下 Ctrl 键的同时拖曳鼠标，可以像在"Windows 资源管理器"里选择非连续多个文件、文件夹那样选择文本中不连续的多个区域，这样就可以很方便地为文档中不同位置的文本设置同样的格式。

4）选择格式相似的文本

选中文本，右击，在出现的快捷菜单上选择"样式"菜单下的"选择格式相似的文本"选项。需要注意的是，选择格式相似的文本，应事先在 Word 2010 的"Word 选项"对话框中进行设置，步骤是执行"文件"→"选项"→"高级"命令，选中"保持格式跟踪"复选框。

Word 可以搜索出该文本附近的相同格式的文本，这给格式编辑带来了很大方便。

如果要取消选中的文本，在文档中单击任意位置即可。

3. 插入或修改文本

在 Word 中插入或修改文本时,应注意当前编辑状态是插入状态还是改写状态。在插入状态下,将插入点定位到新位置后,即可在该位置输入字符,当前插入点位置的字符自动向后移动。在改写状态下,输入字符则会替代当前插入点位置的字符。

单击状态栏中的"插入"按钮,可以实现"插入"状态和"改写"状态的切换。"插入"和"改写"状态的转换也可以通过键盘上的 Insert 键实现。

如果要将其他文档的内容插入到当前文档中,例如,实现两个文件的合并,操作步骤如下:

(1) 将鼠标指针移动到要插入文件的位置,并单击鼠标定位插入点,单击"插入"面板"文本"组中的"对象"按钮右侧的下拉按钮,在弹出的列表中选择"文件中的文字"选项,出现"插入文件"对话框。

(2) 在文件夹列表中选择文件路径和指定文档,单击"确定"按钮,即可完成插入文件操作。

4. 复制与移动文本

对文档内容进行复制、移动可使用剪贴板来完成。Office 剪贴板是系统专门开辟的一块内存区域,可以在应用程序间交换数据。剪贴板不仅可以存放文字,还可以存放表格、图形等对象。

复制文本是指将被选定的文本内容复制到指定位置,原文本保持不变;移动文本是指将被选定的文本内容移动到指定位置,移动后原文本被删除。

选中要复制或移动的文本内容,单击"开始"面板"剪贴板"组中的复制按钮🖹或剪切按钮✂,将鼠标指针移动到目标位置,单击工具栏上的粘贴按钮📋,即可实现文件的复制。连续执行粘贴操作,可将一段文本复制到文档的多个地方。

用鼠标拖动也可以移动或复制文本。选中要移动或复制的文本内容,移动鼠标指针到选中的文本上,此时鼠标指针变为一个箭头,按住鼠标左键拖动到目标位置即可完成移动操作;如果在拖动时按住 Ctrl 键,则执行复制操作。

5. 撤销与重复

如果在编辑中出现错误操作,可单击快速访问工具栏中的撤销按钮↶恢复原来的状态;重复按钮↷用来重新执行撤销的命令。撤销操作的快捷键是 Ctrl+Z。

6. 查找与替换

文本的查找与替换是 Word 常用的操作,二者操作步骤类似。查找操作步骤如下:

(1) 将插入点移至要查找的起始位置,单击"开始"面板"编辑"组中的"查找"按钮右侧的箭头,选择"高级查找"选项,显示"查找和替换"对话框。

(2) 在"查找"文本框内输入要查找的内容,单击"更多"按钮,可设置搜索的范围、查找对象的格式、查找的特殊字符等。单击"查找下一处"按钮依次查找,被找到的内容反白显示。

(3) 完成操作后,关闭"查找和替换"对话框。

替换功能是查找功能的扩展,适用于替换多处相同的内容。在"替换"文本框内输入要替换的内容。系统既可以每次替换一处内容，也可以一次性全部替换。

7. 拼写及语法检查

切换到"审阅"面板，在"校对"组中单击"拼写和语法"按钮，可对已输入的文档进行拼写和语法检查，并利用 Word 的自动更正功能将某些单词更正为正确的形式。

Word 提供了对英语拼写的自动检查功能，如果在文档中存在不符合拼写规则的英文单词，Word 会自动在其下方显示一条红色波浪线，以提醒用户注意。右击该波浪线，在弹出的快捷菜单中一般都会给出建议修改的单词，如图 3-7 所示。

如果在图 3-7 所示的快捷菜单中选择"自动更正选项"命令，将出现如图 3-8 所示的"自动更正"对话框。

图 3-7　单词自动更正快捷菜单　　　　　图 3-8　"自动更正"对话框

也可以执行"文件"→"选项"→"校对"命令，单击对话框中的"自动更正选项"按钮，出现"自动更正"对话框。在该对话框中可以设定自动更正的内容，例如，取消"句首字母大写"，设定"英文日期第一个字母大写"。

3.4　文档的排版

为了使文档更加美观、清晰，更便于阅读，需要进行版面的设置及格式化。

3.4.1　字符和段落

1. 字符格式化

字符格式化包括对文档中的字体、字号、加粗、倾斜、大小写、上标、下标、字符间距及字体颜色等进行设置。

设置字符格式的操作步骤如下：

（1）选中要格式化的文字，然后选择"开始"面板，单击"字体"组右下角的对话框按钮，弹出如图3-9所示的"字体"对话框。

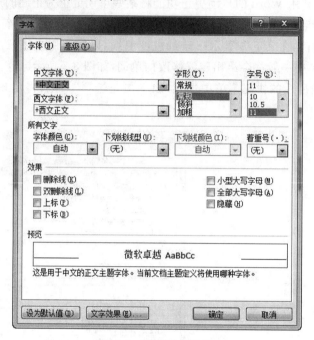

图3-9　"字体"对话框

（2）在对话框中设置各选项，完成后单击"确定"按钮。

使用快捷键，可以很方便地格式化文本。常用的格式化字符的快捷键如下：

Ctrl＋＋：设置下标。

Ctrl＋Shift＋＋：设置上标。

Ctrl＋B：设置加粗。

Ctrl＋I：设置斜体。

使用"开始"面板中的按钮是一种方便、简单、快速地进行字符格式设置的方法。只要选中文本，然后从"字体"组中分别选择需要的字体、字号、字形、颜色即可。如果选择"开始"面板"段落"组中的"两端对齐""居中""右对齐"或"分散对齐"等选项，可设置段落的对齐格式。

如果要复制某段文本格式，"格式刷"是最有效的工具，操作步骤如下：

（1）选中已设置好格式的一段文本，单击"开始"面板"剪贴板"组中的"格式刷"按钮，当鼠标指针变成小刷子时，拖动小刷子选择要复制格式的文本，小刷子经过的文本会变为所要的文本格式。

（2）若要复制格式到多处，应双击"格式刷"按钮，再拖动鼠标进行多次格式的复制。操作完成后，再次单击"格式刷"按钮取消复制格式状态。

2. 段落格式化

1) 段落缩进

段落是在 Word 中进行文档排版的基本单位，每个段落结尾都有一个段落标记。选择"开始"面板，单击"段落"组右下角的对话框按钮，打开"段落"对话框，如图 3-10 所示。"段落"对话框包括"缩进和间距""换行和分页""中文版式"3 个选项卡。在该对话框中可对段落格式进行设置。

图 3-10　"段落"对话框

段落缩进是指文档中为突出某个段落而在段落两边留出的空白位置，例如规定文章每段的首行缩进两个汉字。利用标尺、格式工具栏和"段落"对话框 3 种方式都可以进行段落缩进的设置。

段落缩进包括首行缩进、悬挂缩进、左缩进、右缩进 4 种。首行缩进是指设置段落第一行第一个字符的起始位置，悬挂缩进是指段落中除首行以外的其他行的起始位置，左、右缩进分别是段落的左、右边界的位置。除了通过"段落"对话框设置段落缩进外，还可以通过移动水平标尺上的 4 种缩进标记完成对选中段落的缩进设置，如图 3-11 所示。

图 3-11　标尺中的缩进标记

"开始"面板"段落"组中有两个缩进按钮：单击"增加缩进量"按钮 ⊒ 可使所选段落右移一个汉字，单击"减少缩进量"按钮 ⊒ 可使所选段落左移一个汉字。

2）段落对齐

对齐方式是指文档段落中文字的对齐方式。Word 提供了左对齐、居中、右对齐、两端对齐和分散对齐 5 种段落对齐方式，这 5 种对齐方式分别对应"开始"面板"段落"组中的 5 个按钮 ≣ ≣ ≣ ≣ ≣。

两端对齐使文本的左端和右端的文字沿段落的左右边界对齐，段落的最后一行左对齐。两端对齐适用于一般文本。标题一般采用居中对齐；左对齐使选定文本靠左边界对齐；右对齐使选定文本靠右边界对齐；分散对齐使选定文本平均分散在本行。在文本的一段只有一行的情况下，两端对齐和左对齐的效果相同。

3）段落间距

段落间距包括段落中行与行之间的距离和段落与段落之间的距离，可以在"段落"对话框中进行调整。"行距"选项有"单倍行距""1.5 倍行距""2 倍行距""最小值""固定值"和"多倍行距"6 个选项可供选择。"段前"和"段后"选项可设置所选段落与前后段落之间的距离。

3.4.2   文档的修饰

1. 设置边框和底纹

给文字添加边框和底纹可以使文档的内容更加醒目，实现段落的特殊效果。边框和底纹可以通过"开始"面板"段落"组中的"边框和底纹"按钮设置，也可以单击"页面布局"面板"页面背景"组中的"页面边框"按钮，在"边框和底纹"对话框中设置。

图 3-12 是一个边框效果示例。

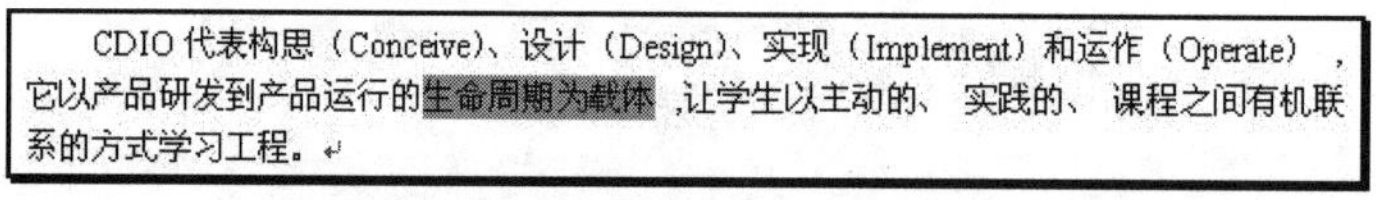

图 3-12   边框效果示例

操作过程如下：

（1）选中要设置边框的文本。

（2）选择"页面布局"面板，单击"页面背景"组中的"页面边框"按钮，在"边框和底纹"对话框中，单击"页面边框"选项卡。在"设置"列表中选择边框样式为"阴影"，选择"样式"为粗实线，设置宽度为"3.0 磅"，如图 3-13 所示。

（3）切换到"底纹"选项卡，和上面的操作类似，设置底纹的填充颜色。

（4）单击"确定"按钮，完成设置。

2. 项目符号和编号

在 Word 中，对于一些需要分类阐述或按顺序阐述的条目，可以添加项目符号和编号，使文档层次更加清晰。添加项目符号和编号的操作步骤如下：

（1）选中需要添加项目符号和编号的段落。

图 3-13　"边框和底纹"对话框

（2）选择"开始"面板，单击"段落"组中的"项目编号"或"项目符号"按钮，完成设置。

3. 分栏排版

分栏就是将文章分成几栏，常用于论文、报纸和杂志的排版中。可以对整个文章进行分栏，也可只对某个段落进行分栏。图 3-14 为一个分栏效果的示例。

图 3-14　分栏效果示例

操作步骤如下：

（1）选定要分栏的段落，选择"页面布局"面板，单击"页面设置"组中的"分栏"按钮，选择"更多分栏"选项，打开"分栏"对话框，如图 3-15 所示。

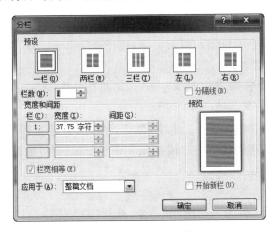

图 3-15　"分栏"对话框

（2）在对话框中设置分栏参数后，单击"确定"按钮完成设置。

需要注意的是，若要使栏宽不相等，应取消"栏宽相等"复选框，在"宽度和间距"下指定各栏的宽度和间距。选取分栏的段落时，不要选择段落后的段落标记，否则分栏可能得不到预期效果。若要取消分栏，选择已分栏的段落，执行"页面布局"→"页面设置"→"分栏"命令，在"分栏"对话框中选择"一栏"即可。

4. 首字下沉

首字下沉是指将段落的第一个字符放大显示（该字符会占多行高度）。采用首字下沉可以使段落更加醒目，使文章的版面别具一格。

设置首字下沉的操作步骤如下：

（1）将插入点移到要设置首字下沉的段落，选择"插入"面板，单击"文本"组中的"首字下沉"按钮，打开"首字下沉"对话框，如图 3-16 所示。

（2）在"位置"下选择"下沉"选项，在"字体"下拉列表框中设置首字的字体，在"下沉行数"文本框中选择下沉的行数。

（3）单击"确定"按钮，完成首字下沉设置。

图 3-16 "首字下沉"对话框

3.4.3 图文混排

在文章中插入一些图形，实现图文混排，可以增强文章的可读性。

1. 插入图形

在文档中可以插入各种图形，如 Word 剪贴画库中的剪贴画、绘图工具栏中的自选图形、各种类型的图形文件及艺术字等。

插入图形的操作方法是，将插入点移至要插入图片的位置，选择"插入"面板"插图"组中的命令，再选择对应的选项。

1）插入剪贴画

操作步骤如下：

（1）执行"插入"→"插图"→"剪贴画"命令，打开"剪贴画"窗格，如图 3-17 所示。

（2）在该任务窗格中可以添加搜索文字，选择结果类型。设置完成后，单击"搜索"按钮，查找满足条件的剪贴画。

（3）搜索完成后，单击搜索到的剪贴画，即可将图片插入 Word 文档中。

2）插入艺术字

（1）执行"插入"→"文本"→"艺术字"命令，弹出各种艺术字样式。

（2）选择一种艺术字样式，并在"请在此放置您的文字"对话框中输入文字内容，即可在文档中插入艺术字。

3）插入图形文件

（1）执行"插入"→"插图"→"图片"命令，打开"插入图片"对话框。

（2）在该对话框中选择图片文件所在的驱动器及文件夹，并选择文件名称，即可实现

图 3-17　"剪贴画"窗格

图片文件的插入。

插入的图片类型可以是通过扫描仪或数码相机获取的图片,也可以是从 Internet 网络上收集的图片。.bmp、.wmf、.pic、.gif 等都是 Word 可接受的图片文件类型。

2. 编辑图片

图片的许多操作都需要使用图片工具,选中需要编辑的图片就会出现"图片工具"面板,选择其中的"格式"功能区中的命令按钮,可以完成图片的编辑工作。图 3-18 为图片工具。

图 3-18　图片工具

对于插入文档中的图片可以进行放大、缩小、移动、复制、剪裁与删除等编辑操作。

要对图片进行操作,首先要选中图片。单击图片,其四周将显示 8 个小方块(这些小方块也叫控点),表示图片已被选中。

- 如果要放大或缩小图片,选中图片,将鼠标指针移到四周的小方块,当鼠标变为双向箭头 ↖↘ 时拖动,即可自由放大或缩小图形。
- 如果要移动图片,将鼠标指针移动到图片上,按住鼠标左键拖动,可实现移动操作。如果拖动时按住 Ctrl 键,可执行复制操作。

- 如果要将图片移动或复制到其他文件或页面,选中图片,使用"开始"面板中"剪贴板"组中的"剪切""复制"或"粘贴"选项,可以移动或复制图片到其他位置。
- 如果要剪裁图片,选中图片,执行"格式"→"大小"→"裁剪"命令,出现剪裁光标,移动鼠标指针到图片四周的控点上,向图形的中心拖动即可剪裁图片。

如果要删除图片,选中图片后按 Delete 键,或单击"开始"面板中"剪贴板"组中的"剪切"按钮,即可将图片删除。

3. 设置图片的环绕方式

插入文档中的图片与文字存在着位置关系与叠放次序的问题。可以为插入文档中的图片设置环绕的方式和与文字的层次关系。操作步骤如下:

(1) 选中图片后,出现"图片工具"面板,执行"格式"→"排列"→"位置"命令,弹出各种"文字环绕"格式,选择"其他布局选项",打开"布局"对话框,如图 3-19 所示。

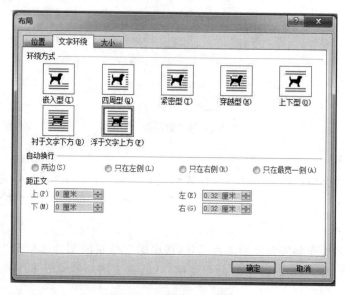

图 3-19 "布局"对话框

(2) 该对话框包括 3 个选项卡,在其中的"文字环绕"选项卡中可以进行环绕方式设置。如果选择图片的环绕方式为"衬于文字下方",则该图片成为文本的背景。

图 3-20 给出了不同文字环绕方式的效果。

4. 设置图片背景移除

Office 2010 内置了截图工具,在 Word 2010 中还内置了强大的图片处理功能——背景消除工具,其效果甚至可以与专业图片处理软件相媲美,并且非常易用。操作步骤过程如下:

(1) 插入图片,如图 3-21 所示。

(2) 单击选中图片,出现"图片工具"面板,选择"格式"选项卡中的"删除背景"工具,单击图片,Word 2010 会自动识别出背景区域,"背景消除"工具栏也会显示出来,如图 3-22

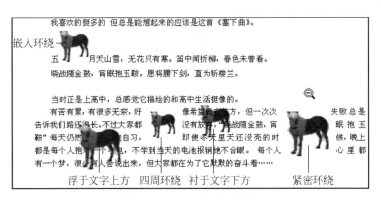

图 3-20　文字环绕方式效果

所示。工具栏中有"标记要保留的区域"或"标记要删除的区域"两个按钮,用来对保留区域和删除区域进行调整。

（3）单击"保留更改"图标,完成背景消除操作,结果如图 3-23 所示。

图 3-21　示例图片

图 3-22　"背景消除"工具栏

图 3-23　背景消除结果

3.5　表　　格

表格操作是文字处理软件中一项重要的内容,使用 Word 2010 可以创建样式美观的表格。在 Word 中,表格的处理主要通过"插入"面板来完成。

1. 创建表格

创建表格有 3 种方法。

1）利用菜单创建

如果要创建表格,选择"插入"面板,单击"表格"组中的"表格"按钮,执行"插入表格"命令,在对话框中输入表格的列数和行数,单击"确定"按钮后完成表格创建。

2）用绘表工具创建

对于不规则的表格,可以使用绘制表格工具。

选择"插入"面板,单击"表格"组的"表格"按钮,在下拉菜单中选择"绘制表格"命令,鼠标指针变成笔状,用户可以绘制任何形式的表格。

表格绘制完成后,在功能区中出现"表格工具"面板,其中"设计"和"布局"两个选项卡提供了制作、编辑和格式化表格的常用命令,如图 3-24 所示,使制表工作变得轻松自如。

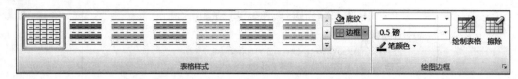

图 3-24　"表格工具"面板中的"设计"选项卡

2. 编辑表格

对表格进行编辑操作前,要先选中表格中的行、列或者单元格。单元格是表格中行和列交叉所形成的框。

在"表格工具"面板中,执行"布局"选项卡中的"选择"命令,在下拉菜单中可以选择整个表格、行、列或单元格,也可以用鼠标拖动选择。在"表格工具"面板中,常见的插入和删除操作如下:

(1) 执行"表格工具"→"布局"→"行和列"中的命令,可以在表格中插入整行、整列或单元格。如果选中若干行或列,那么,选中的行或列的数目是将要插入的行数或列数。

(2) 如果要在表尾快速地增加行,移动鼠标指针到表尾的最后一个单元格中,按 Tab 键,或移动鼠标指针到表尾最后一个单元格外,按 Enter 键,均可增加新的行。

(3) 如果要删除表格、行、列或单元格,可以选定要删除的表格、行、列或单元格,执行"表格工具"→"布局"→"行和列"→"删除"命令,在下拉菜单中选择相应的删除命令,然后在下一级菜单中选择适合的选项,可删除指定的表格、行、列或单元格。

3. 合并或拆分单元格

1) 合并单元格

选中要合并的单元格,在"表格工具"面板中,执行 "布局"→"合并"→"合并单元格"命令,可将选中的相邻的两个或多个单元格合并为一个单元格。

2) 拆分单元格

选中要拆分的单元格,在"表格工具"面板中,执行"布局"→"合并"→"拆分单元格"命令,在"拆分单元格"对话框中输入要拆分的行数和列数,可将选定单元格分隔成多个单元格。

4. 绘制斜线表头

若想为表格添加斜线表头,单击表格内的任一单元格,在"表格工具"面板中,执行 "设计"→"表格样式"→"边框"命令,在下拉菜单中选择"斜下框线"选项,如图 3-25 所示。

实现了合并单元格、拆分单元格和插入斜线表头的表格效果如图 3-26 所示。在为表格绘制斜线表头时,应使绘制斜线表头的单元格有足够的行宽和列高,否则,无法看到表头的全部内容。

5. 移动表格或调整表格的大小

将鼠标指针移动到表格内,在表格左上角就会出现表格移动控制点,可拖动控制点到文档中的任意处。若将表格拖动到文字中,文字

图 3-25　边框的下拉菜单

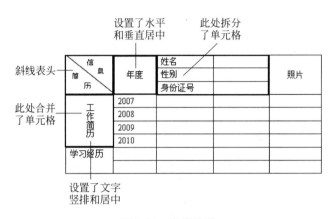

图 3-26　表格效果

就会环绕表格。

　　将鼠标指针移动到表格内,在表格右下角就会出现尺寸控制点。将鼠标指针移动到控制点上,当变为双向箭头时,可拖动控制点以改变表格大小。

　　如果单击表格移动控制点选中表格,用"复制"和"粘贴"命令可以复制表格到其他位置。

　　6. 表格的格式化

　　表格的格式化是指对表格中文字的字体、字号、对齐方式及边框和底纹的设置,以达到美化表格,使表格内容更加清晰的目的。

　　1)表格文字的格式化

　　表格中文字的字体、字号可以通过"开始"面板中的命令按钮来设置,文字的对齐方式可执行"表格工具"→"布局"→"对齐方式"命令来完成。

　　2)调整表格的行高和列宽

　　调整表格的行高和列宽,可以通过鼠标拖动来完成,也可以使用功能区中的命令。选中要调整的行或列,在右键快捷菜单中选择"属性"命令,在弹出的"表格属性"对话框中的"行"或"列"选项卡中分别填写"指定高度"或"指定宽度"数值,这种方式可精确地调整行高和列宽。

　　如果需要表格具有相同的行高或列宽,选中要调整的行与列,右击任意单元格,选择"平均分布各行"或"平均分布各列"命令。也可以使用"布局"选项卡"单元格大小"组中的命令来实现。

　　如果要设置表格边框和底纹,选中要设置边框的表格,执行"表格工具"→"设计"→"表格样式"→"边框"→"边框和底纹"命令,在弹出的"边框和底纹"对话框中的"边框"或"底纹"选项卡进行设置。

　　7. 表格的排序

　　可以按照升序或降序对表格的内容进行排序。为使排序有意义,表格一般应为比较规范的表格。对图 3-27 所示按"数量"排序的操作如下:

　　(1)将插入点定位在"数量"列。

(2) 在"表格工具"面板中,选择"布局"选项卡,执行"排序"命令,打开"排序"对话框,如图 3-28 所示。

(3) 在"主要关键字"下拉列表中选择"数量",选择"降序"单选按钮和"有标题行"单选按钮。

(4) 单击"确定"按钮,表格将按"数量"降序排序。

在 Word 中,最多可以对表格指定按 3 个关键字排序。如果要取消排序,可以按快捷键 Ctrl+Z。

设备名	单价	数量
Sony 相机	4230	8
Benq 扫描仪	680	12
HP 打印机	1420	6
Netac MP4	660	12
Star CDR	490	20

图 3-27　待排序表格

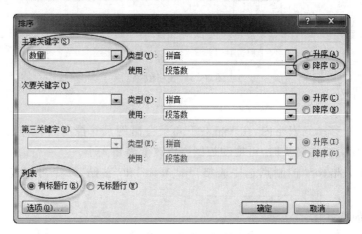

图 3-28　"排序"对话框

3.6　Word 其他应用

3.6.1　拼音指南

中文 Word 2010 提供了为汉字添加拼音的功能,该功能为汉字添加拼音提供了方便。图 3-29 是为汉字添加拼音后的效果。

操作步骤如下:

　　jiàn lì zhēng ràng　wén yì zhēng wéi　yǒu bù shàn zé zhēng gǎi
　　见　利　争　让,闻　义　争　为,有　不　善　则　争　改。

图 3-29　为汉字添加拼音示例

(1) 在 Word 文档中输入文字。

(2) 在"开始"面板中,执行"字体"→"拼音指南"命令,弹出"拼音指南"对话框,如图 3-30 所示。在该窗口中适当调整偏移量和字号。

(3) 单击"确定"按钮,完成添加拼音操作。

为了得到较好的添加拼音效果,可以在文字中间加入空格或加大字间距,并设置为 4 号字。同时,适当加大拼音的偏移量值和字号。

图 3-30　"拼音指南"对话框

3.6.2　在线翻译

翻译功能在 Word 2010 中也得到了加强,不仅加入了全文在线翻译的功能,也添加了一个屏幕取词助手。

在"审阅"面板中,单击"语言"组的"翻译"按钮,选择其中的选项。例如,选择"翻译所选文字",就会将选中文字的翻译结果显示在右侧的"信息检索"窗格中,如图 3-31 所示。

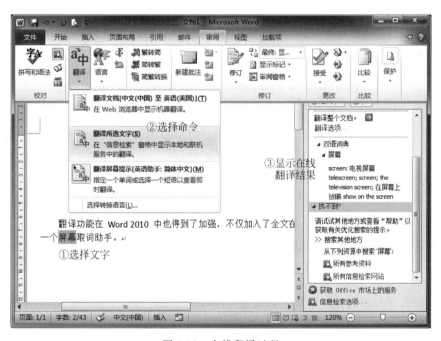

图 3-31　在线翻译过程

如果选择"翻译屏幕提示",便会开启屏幕取词功能,使用时不需选定文字,只要将鼠标放到需要翻译的单词上,便会显示查询结果。在取词框上还有发音、复制等功能。

3.6.3 公式编辑器

Word 2010 的公式编辑器为编辑各种数学公式提供了强大的支持。例如,输入如下公式:

$$\Phi(x) = \frac{1}{2}\int_0^x e^{-t}\,dt$$

首先,在 Word 文档中执行"插入"→"文本"→"对象"命令,出现如图 3-32 所示的"对象"对话框,选择"Microsoft 公式 3.0"选项,单击"确定"按钮进入公式编辑状态,系统自动打开如图 3-33 所示的"公式"工具栏,利用该工具栏完成公式编辑操作。

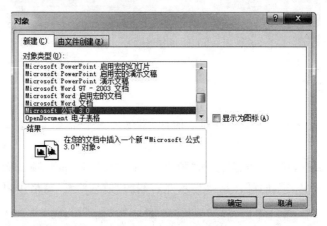

图 3-32 "对象"对话框

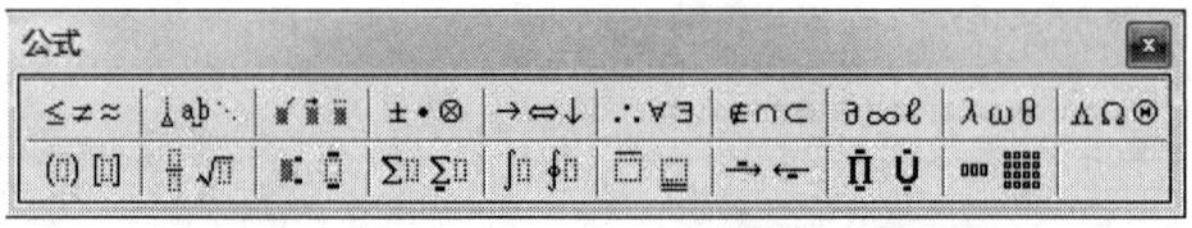

图 3-33 "公式"工具栏

继续进行公式编辑操作,步骤如下:

(1) 插入希腊字母 Φ。单击"公式"工具栏中的大写希腊字母按钮 ΛΩ⊗,选择字母 Φ,再从键盘上输入"(x)＝"。

(2) 插入分式 $\frac{1}{2}$。单击分式和根式模板按钮 ▒√▒,选择分式符号 ▒,在分子、分母位置分别输入 1、2。

(3) 插入积分符号 $\int_0^x$。将插入点定位到整个分式的右侧,单击积分模板按钮 ∫▒∮▒,选择积分符号 ▒,在 ∫ 符号的上、下方分别输入 x 和 0。

(4) 插入 e^{-t}。将插入点定位到 ∫ 符号的右侧,输入 e,单击上标和下标模板按钮 ▒ ▒,选择 ▒,输入上标 $-t$。

（5）将插入点定位到 e^{-t} 的右侧，输入 dt。

（6）在公式编辑区之外单击鼠标，完成公式的输入。保存文档。

3.6.4　文档注释

1. 插入脚注和尾注

在一些文档中，有时需要给文档内容加上一些注释。如果这些注释出现在当前页面的底部，称为脚注，如果这些注释出现在文档末尾，称为尾注。图 3-34 是给文档添加脚注的效果。

> **6.1 人工智能传奇**[1]
>
> 　　1997 年 5 月 11 日北京时间早晨 4 时 50 分，一台名叫"深蓝"的超级电脑在棋盘 C4 处落下最后一颗棋子，全世界都听到了震撼世纪的叫杀声——"将军"！这场举世瞩目的"人机大战"，终于以机器获胜的结局降下了帷幕。
>
> 　　人工智能（AI）伴随着电脑生长，在风风雨雨中走过了半个世纪的艰难历程，已经是
>
> [1] "深蓝"是一台智能电脑，"深蓝"使人工智能又一次成为万众关注的焦点。

图 3-34　给文档添加脚注的效果

操作步骤如下（给文档添加尾注的操作与此类似）：

（1）选中需要加上脚注的文本，这里选中的是标题"人工智能传奇"。

（2）在"引用"面板中，单击"脚注"组右下角的对话框按钮，出现"脚注和尾注"对话框，如图 3-35 所示。

（3）选择"脚注"单选按钮，在格式设置区中设置"编号格式""起始编号"等选项，单击"插入"按钮。

（4）在出现的脚注编辑区输入脚注内容即可。

如果要删除脚注文本，只需删除文档中的脚注编号即可。

2. 批注和修订

有时在修改其他人的电子文档时，用户需要在文档中加上自己的修改意见，但又不能影响原有文档的内容和格式，这时可以插入批注。插入批注的操作步骤如下：

图 3-35　"脚注和尾注"对话框

（1）选中需要加上批注的文本。

（2）在"审阅"面板中，执行"批注"→"新建批注"命令，在出现的批注文本框中输入批注信息。

（3）如果用户要删除批注，可以右击批注文本框，在出现的快捷菜单中执行"删除"命令。在文本中加入批注的效果如图 3-36 所示。

> 1997年5月11日北京时间早晨4时50分,一台名叫"深蓝"的超级电脑在棋盘C4处落下最后一颗棋子,全世界都听到了震撼世纪的叫杀声——"将军"!这场举世瞩目的"人机大战",终于以机器获胜的结局降下了帷幕。
> 人工智能(AI)伴随着电脑生长,在风风雨雨中走过了半个世纪的艰难历程,已经是枝繁叶茂、都都葱葱。借"人机大战"的硝烟尚未散尽之机,让我们一同走近人工智能,对这一新兴学科的历史和发展作一番较为系统的回顾。
>
> 批注 [w1]:此处加入人工智能的注解。

图 3-36　在文档中加入批注的效果

3.6.5　样式和目录

1. 使用样式

样式是字体、字号和缩进等格式设置的组合。在 Word 中,通过创建和应用样式,可以提高文档排版的效率。Word 中的样式可以分为内置样式和自定义样式。内置样式显示在"开始"面板的"样式"组中。用户创建自定义样式后,也显示在该下拉列表中。而 Word 提供的内置样式,例如标题1、标题2、正文等,也是自动生成目录的基础。

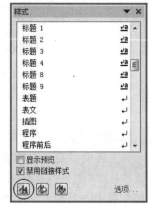

图 3-37　"样式"窗格

下面是创建新样式 heading3 的操作步骤,该样式基于内置样式"标题3"。

(1) 在"开始"面板中,单击"样式"组右下方的按钮,在窗口的右边出现"样式"窗格,如图 3-37 所示。

(2) 单击"新建样式"按钮,出现"根据格式设置创建新样式"对话框,如图 3-38 所示。在该对话框中输入自定义的样式名称 heading3,并按照要求设置样式基于"标题3",这样,heading3 继承了默认的内置样式"标题3"的格式。

(3) 在该对话框的"格式"选项组中,设置 heading3 样式的字体、段落或边框等格式,这些格式也可以利用工具栏实现。

(4) 设置格式完成后,单击"确定"按钮返回文档窗口,创建的新样式出现在"样式"窗格中。

当样式创建完成后,可以将该样式应用到文档的不同位置。选择要应用样式的文本,在"样式"下拉列表框中选择样式名称,选中的文字则应用了指定的样式。

如果要修改样式,可以在"样式"窗格中右击样式,在弹出的快捷菜单中选择"修改"命令,然后在"修改样式"对话框中完成样式的修改工作。

2. 自动生成目录

在 Word 中,如果合理地使用了内置标题样式或创建了基于内置标题样式的新样式,就可以方便地自动生成目录。操作过程如下:

(1) 创建基于内置标题样式的新样式,如果使用内置标题样式,可以忽略本步骤。

(2) 在文档的各标题处,按标题级别应用不同级别的标题样式,如图 3-39 所示。

(3) 单击要插入目录的位置,在"引用"面板中,单击"目录"组中的"目录"按钮,在弹

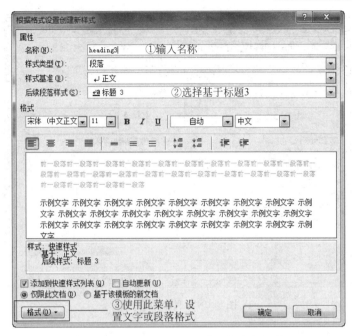

图 3-38 "根据格式设置创建新样式"对话框

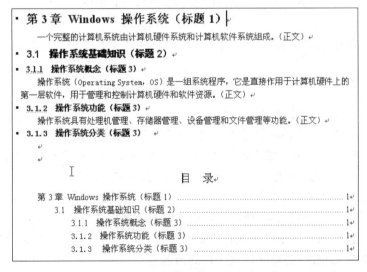

图 3-39 对标题应用标题样式以自动生成目录

出的下拉菜单中选择"插入目录"选项,弹出"目录"对话框,如图 3-40 所示。

(4)单击"目录"选项卡,选定"显示页码"和"页码右对齐"两个复选框,单击"确定"按钮,则在指定位置插入了自动生成的目录。

对于已经生成的目录可以完成下面的操作:

- 在目录中,如果按住 Ctrl 键并单击,插入点会定位到正文的相应位置。
- 如果正文的内容有修改,需要更新目录,可以右击目录,在出现的快捷菜单中选择"更新域"命令,然后根据提示进行更新。

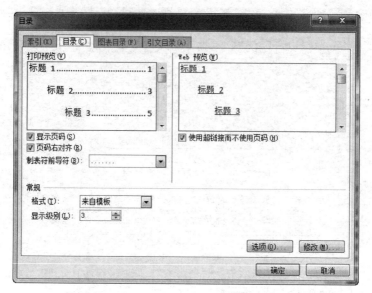

图 3-40　"目录"对话框

3.7　页面设置和打印输出

文档经过编辑、排版后,还需要进行页面设置、打印预览,最后打印输出。

3.7.1　页面设置

Word 文档打印之前需要进行页面设置,包括对纸张大小、页边距、字符数及行数、纸张来源等进行设置。在文档编辑过程中,使用的是 Word 默认的页面设置,可以根据需要重新设置或随时修改设置。如果不使用 Word 默认的页面设置,应当在文档排版之前进行页面设置,这样可以避免由于页面重新设置而导致排版版式的变化。

要进行页面设置,在"页面布局"面板中,单击"页面设置"组右下角的对话框按钮,打开"页面设置"对话框,如图 3-41 所示。可以在该对话框中进行如下设置:

- 在"页边距"选项卡中可设置页边距、打印方向(纵向或横向)、多页设置,以及页面设置的应用范围(整篇文档或文档的当前节)。
- 在"纸张"选项卡中可设置纸型,如 A4、B5、16 开等。
- 在"版式"选项卡中可设置页眉及页脚的编排形式、页眉和页脚与页边线之间的距离等。
- 在"文档网格"选项卡中可以设置文字排列方向、每页的行数与字符数、绘图网格尺寸、默认字体设置等。

3.7.2　制作页面背景

Word 2010 的文字背景或水印的设置与以前版本有很大区别。在编辑状态下,执行

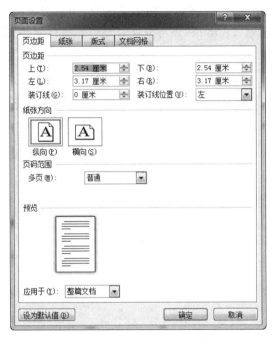

图 3-41　"页面设置"对话框

"页面布局"→"页面背景"→"水印"命令,在出现的下拉菜单中选择"自定义水印"命令,出现"水印"对话框,如图 3-42 所示。在此可以方便地将图片、徽标或自定义格式的文本设置为文档的打印背景。

图 3-42　"水印"对话框

3.7.3　预览和打印输出

1. 打印预览

利用 Word 的打印预览功能,可以在正式打印之前看到文档的打印效果,如果不满意,还可以进行修改。

与页面视图相比,打印预览可以更真实地表现文档外观。在打开的"打印"窗口右侧预览区域可以查看 Word 2010 文档的打印预览效果,用户所做的纸张方向、页面边距等设置都可以通过预览区域查看效果,还可以通过调整预览区域下面的滑块改变预览视图的大小。

2. 打印输出

Word 打印之前,必须将打印机准备就绪。文档打印的操作步骤如下:

(1) 在文档编辑状态下,单击"文件"选项卡中"打印"按钮,出现打印设置选项,如图 3-43 所示。

图 3-43　打印设置选项

(2) 在"打印机"下拉列表框中选择要使用的打印机名称,一般使用系统默认打印机。

(3) 在"份数"数值框中输入要打印文本的份数,系统默认打印 1 份。

(4) 在"设置"选项组中选择打印范围。

• "打印所有页"选项指的是打印文档的全部文本。

• "打印当前页面"选项指的是只打印光标所在的这一页。

• "打印自定义范围"选项指的是打印文档中选定的部分文本。

• "页数"选项指的是在其后的文本框中输入要打印的准确页码。如果要打印某一页,直接输入该页码;如果是打印连续的几页,在起始页与末尾页码之间加连字符；如果是打印不连续的多页，则在两页之间加逗号。

还可以设置打印方向、纸型、边距等内容。

最后单击"打印"按钮，即可开始打印文档。

3.8　上机实践

3.8.1　上机实践 1

书娟是海明公司的前台文秘，她的主要工作是管理各种档案，为总经理起草各种文件。新年将至，公司定于 2013 年 2 月 5 日下午 2：00 在中关村海龙大厦办公大楼五层多功能厅举办联谊会，重要客人名录保存在名为"重要客户名录.docx"的 Word 文档中，公司联系电话为 010-66668888。

根据上述内容制作请柬，具体要求如下：

（1）制作一份请柬，以"董事长：王海龙"名义发出邀请，请柬中需要包含标题、收件人名称、联谊会时间、联谊会地点和邀请人。

（2）对请柬进行适当的排版，具体要求：改变字体，加大字号，且标题部分（"请柬"）与正文部分（以"尊敬的×××"开头）采用不同的字体和字号；加大行间距和段间距；对必要的段落改变对齐方式，适当设置左右及首行缩进，以美观且符合中国人阅读习惯为原则。

（3）在请柬的左下角位置插入一幅图片（图片自选），调整其大小及位置，不影响文字排列，不遮挡文字内容。

（4）进行页面设置。加大文档的上边距；为文档添加页眉，要求页眉内容包含本公司的联系电话。

（5）运用邮件合并功能制作内容相同、收件人不同（收件人为"重要客户名录.docx"中的每个人，采用导入方式）的多份请柬，要求先将合并主文档以"请柬 1.docx"为文件名进行保存，在进行效果预览后，生成可以单独编辑的单个文档"请柬 2.docx"。

操作提示："重要客户名录.docx"的文档内容如下：

姓名	职务	单位
王选	董事长	方正公司
李鹏	总经理	同方公司
江汉民	财务总监	万邦达公司

3.8.2　上机实践 2

word.docx 文档内容如下：

中国网民规模达 5.64 亿

互联网普及率为 42.1%

中国经济网北京 1 月 15 日讯,中国互联网信息中心今日发布《第 31 次中国互联网络发展状况统计报告》。

《报告》显示,截至 2012 年 12 月底,我国网民规模达 5.64 亿,全年共计新增网民5090 万人。互联网普及率为 42.1%,较 2011 年底提升 3.8 个百分点,普及率的增长幅度相比上年继续缩小。

《报告》显示,未来网民的增长动力将主要来自受自身生活习惯(没时间上网)和硬件条件(没有上网设备、当地无法联网)的限制的非网民(即潜在网民)。而对于未来没有上网意向的非网民,多是因为不懂电脑和网络,以及年龄太大。要解决这类人群走向网络,不仅仅是依靠单纯的基础设施建设、费用下调等手段,而且需要互联网应用形式的创新、针对不同人群有更为细致的服务模式、网络世界与线下生活更密切的结合,以及上网硬件设备智能化和易操作化。

《报告》表示,去年,中国政府针对这些技术的研发和应用制定了一系列方针政策:2 月,中国 IPv6 发展路线和时间表确定;3 月,工信部组织召开宽带普及提速动员会议,提出"宽带中国"战略;5 月,《通信业"十二五"发展规划》发布,针对我国宽带普及、物联网和云计算等新型服务业态制定了未来发展目标和规划。这些政策加快了我国新技术的应用步伐,将推动互联网的持续创新。

附:统计数据

年份	上网人数(单位:万)
2005 年	11100
2006 年	13700
2007 年	21000
2008 年	29800
2009 年	38400
2010 年	45730
2011 年	51310
2012 年	56400

按照要求完成下列操作并以该文件名(word.docx)保存文件。

(1) 设置页边距为上下左右各 2.7cm,装订线在左侧;设置文字水印页面背景,文字为"中国互联网信息中心",水印版式为斜式。

(2) 设置第一段落文字"中国网民规模达 5.64 亿"为标题;设置第二段落文字"互联网普及率为 42.1%"为副标题;改变段间距和行间距(间距单位为行),使用"独特"样式修饰页面;在页面顶端插入"边线型提要栏"文本框,将第三段文字"中国经济网北京 1 月 15 日讯,中国互联网信息中心今日发布《第 31 展状况统计报告》(以下简称《报告》)。"移入文本框内,设置字体、字号、颜色等;在该文本框的最前面插入类别为"文档信息"、名称为"新闻提要"的域。

（3）设置第四至六段文字,要求首行缩进 2 个字符。将第四至六段的段首"《报告》显示"和"《报告》表示"设置为斜体、加粗、红色、双下画线。

（4）将文档"附:统计数据"下面的内容转换成 2 列 9 行的表格,为表格设置样式;将表格的数据转换成簇状柱形图,插入到文档中"附:统计数据"的前面,保存文档。

操作提示:参考样式如图 3-44 和图 3-45 所示。

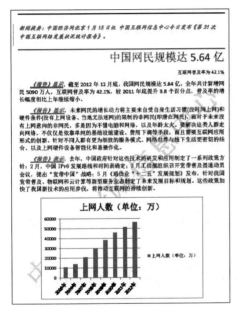

图 3-44　样式 1

图 3-45　样式 2

第4章　电子表格软件 Excel 2010

Excel 2010 集电子表格、图表、数据库管理于一体，支持文本和图形编辑，具有功能丰富、用户界面友好等特点。利用 Excel 2010 提供的函数计算功能，用户很容易完成数据计算、排序、分类汇总及报表等。Excel 2010 是应用最广泛的办公自动化工具软件之一。

4.1　建立和编辑文档

Excel 2010 窗口由标题栏、快速访问工具栏、功能区、数据编辑区、状态栏等组成，如图 4-1 所示。

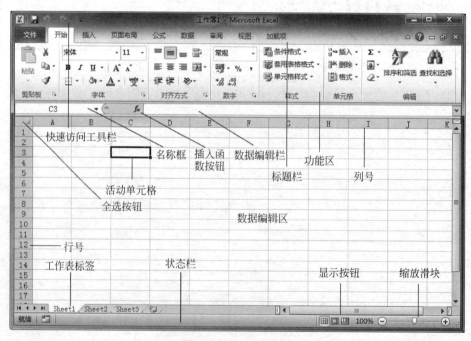

图 4-1　Excel 2010 窗口

4.1.1　建立文档

启动 Excel 2010 后,会自动建立一个新文档。Excel 文档也称为工作簿,是用来存储并处理数据的一个或多个工作表的集合。新建的文档默认名为"工作簿 1"。Excel 2010 文档以.xlsx 为文件扩展名。

1. 管理工作簿

一个 Excel 文档(即一个工作簿)包括若干工作表。新建的工作簿包含 3 个工作表。若需要改变默认工作表数,可通过"文件"选项卡中的"选项"命令打开"Excel 选项"对话框进行设置。

工作表的默认名称分别为 Sheet1、Sheet2、Sheet3 等,当前活动窗口为第一个工作表(Sheet1)。单击工作表标签,可实现不同工作表之间的切换。双击工作表标签,可实现工作表的重命名。右击工作表标签,可实现工作表的插入、删除和重命名等。

2. 保存工作簿

需要保存工作簿到指定的磁盘中时,可按如下步骤操作:

(1)执行"文件"→"保存"命令或单击快速访问工具栏"保存"按钮,弹出如图 4-2 所示的"另存为"对话框。

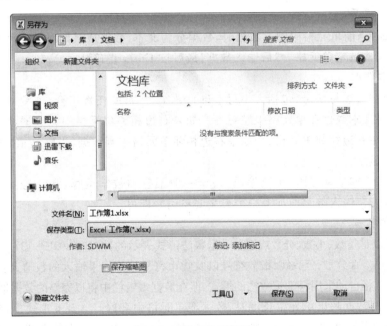

图 4-2　"另存为"对话框

(2)在文件夹窗格中,选择文件的保存位置,在"文件名"文本框中输入新文件名,单击"保存"按钮,完成文档保存操作。

同 Word 2010 相似,Excel 2010 也提供了自动保存功能来防止断电或死机等意外事故的发生。通过执行"文件"选项卡中的"选项"命令,在打开的"Excel 选项"对话框中,选择"保存"选项来指定自动保存时间间隔,系统默认为 10min。

执行"文件"选项卡中的"另存为"命令,在打开的"另存为"对话框中选择文件夹并输入新的文件名,可将该文档另存为备份,这样在原来文档的基础上就产生了一个新文档。

3. 关闭文档

执行"文件"选项卡中的"关闭"命令,或单击 Excel 窗口右上角的"关闭"按钮,或通过快捷键 Alt+F4,即可关闭文档。

4.1.2 输入数据

Excel 的工作表中可以存储不同类型的数据,如数字、文本、日期时间、公式等。在工作表中,信息存储在单元格中。要用 Excel 来组织、计算和分析数据,必须首先将原始数据输入工作表中。

1. 选定单元格或单元格区域

在编辑 Excel 工作表中的数据之前,要先确定操作的对象。对象可以是一个单元格或单元格区域。若选定一个单元格,它会被粗框线包围;若选定单元格区域,这个区域会以高亮方式显示。选定的单元格就是活动单元格,也就是当前正在使用的单元格,它能接收键盘的输入或进行单元格的复制、移动、删除等操作。

2. 输入数据

向 Excel 当前单元格中输入数据时,数据分为文本、数值或日期时间 3 种类型。输入数据时,首先应选定单元格,然后输入数据,最后按 Enter 键确认。

1)文本数据

文本数据可以是字母(包括大小写字母)、数字、字符的任意组合。Excel 自动识别文本数据,并将文本数据在单元格中左对齐。如果右边相邻单元格中无数据,Excel 允许长文本串覆盖在右边相邻单元格上;如果右边相邻单元格中有数据,当前单元格中过长的文本将被截断显示。

有些数字,如电话号码、邮政编码,由于一般不参加数学运算,常常将其当作文本处理。此时只需在输入数字前加上一个英文的单引号即可。

2)数值数据

数值可以是整数、小数、分数或以科学记数法形式表示的数(如 4.09E+13)。在数值中可出现正号、负号、百分号、分数线、指数符号以及货币符号等。如果输入的数值太长,单元格中放不下,Excel 将自动采用科学记数法的形式,但在数据编辑栏中将以完整的数据格式显示。

当输入的数据超出单元格长度时,数据在单元格中会以♯♯♯♯形式出现,此时需要人工调整单元格的列宽,以便能看到完整的数值。对任何单元格中的数值,无论 Excel 如何显示它,单元格均是按该数值实际输入值存储的。当一个单元格被选定后,其中的数值即按输入时的形式显示在数据编辑栏中。默认情况下,数值型数据在单元格中右对齐。

3)日期时间数据

Excel 内置了一些日期时间的格式,当输入数据与这些格式相匹配时,Excel 将这些数据自动识别为日期时间数据。Excel 中常见的日期时间格式为 mm/dd/yy、hh:mm

（AM/PM）、dd-mm-yy 等。

4）数据的自动填充

Excel 的数据自动填充功能为输入有规律的数据提供了很大的方便。有规律的数据是指等差、等比、系统预定义的数据序列及用户自定义的数据序列。

在 Excel 中，被选定的单元是活动单元格，活动单元格右下角的小黑块称作填充柄。用鼠标拖动填充柄，可以实现自动填充功能。

下面举例说明自动填充的实现过程：

（1）在单元格 A1、A2 中分别输入 4、6。

（2）选中单元格区域 A1：A2，当鼠标指针指向 A2 右下角的填充柄时，鼠标的形状变为细的黑十字，此时拖动鼠标至 A5，如图 4-3 所示。释放鼠标时，A3、A4、A5 中将出现 8、10、12。

图 4-3　自动填充

实际上，在鼠标拖动的过程中，Excel 预测时认为它是等差数列，因此会出现上面的结果。

除了使用鼠标拖动填充数据外，还可以在"开始"面板中选择"编辑"组中的"填充"命令完成复杂的填充操作。在使用公式计算 Excel 表格中的数据的时候，将自动填充功能和公式结合使用，可以很方便地计算表格中的数据。

4.2　公式和函数

4.2.1　公式

公式是指一个等式，是一个由数值、单元格引用（名称）、运算符、函数等组成的序列。利用公式可以根据已有的数值计算出一个新值，当公式中相应单元格中的值改变时，由公式生成的值也将随之改变。公式是电子表格的核心，也是 Excel 的主要特色之一。

在单元格中输入公式要以＝开始，输入完成后按 Enter 键确认，也可以按 Esc 键取消输入的公式。Excel 将公式显示在数据编辑栏中，而在包含该公式的单元格中显示计算结果。

Excel 公式中包括的运算符有引用运算符、算术运算符、文本运算符和比较运算符 4 类，如表 4-1 所示。运算符的优先级别为：引用运算符最高，其次是算术运算符、文本运算符，最后是比较运算符。

表 4-1　Excel 公式中的运算符

运算符类型	表示形式及含义	实　　例
引用运算符	:、!、、,	Sheet2!B5 表示工作表 Sheet2 中的 B5 单元格
算术运算符	＋、－、*、/、%、^	3^4 表示 3 的 4 次方，结果为 81
文本运算符	&	"North"&"west"结果为"Northwest"
比较运算符	＝、＞、＜、＞＝、＜＝、＜＞	2＞＝3 结果为 False

下面通过一个例子说明公式的输入过程，如图 4-4 所示。

（1）参照图 4-4，输入成绩和百分比。

C7		▼	f_x	=B2*C2+B3*C3+B4*C4+B5*C5	
	A	B	C	D	E
1	项目	成绩	百分比		
2	期末	86	50%		
3	平时	82	15%		
4	期中	68	15%		
5	实验	90	20%		
6					
7	总成绩		83.5		

图 4-4　公式示例

(2) 在 C7 单元格中输入计算总成绩的公式"＝B2 * C2＋B3 * C3＋B4 * C4＋B5 * C5",按 Enter 键确认。

4.2.2　函数

1. 函数的概念

函数是预先定义好的公式,用来进行数学、统计、逻辑运算。Excel 提供了多种功能完备且易于使用的函数。函数的语法形式为

函数名(参数 1,参数 2,参数 3,…)

例如,AVERAGE(B2:B5)、SUM(23,56,28)都是合法的函数表达式。

函数应包含在单元格的公式中,函数名后面的括号中是函数的参数,括号前后不能有空格。参数可以是数字、文字、逻辑值或单元格的引用,也可以是常量或公式。例如,AVERAGE(B2:B5)是求平均值函数,函数名是 AVGRAGE,参数包括 B2:B5 这 4 个单元格,该函数的功能是求 B2、B3、B4、B5 这 4 个单元格的平均值。

2. 函数应用

下面举例说明利用函数计算总成绩的过程。

(1) 启动 Excel 后,输入原始数据,"总成绩"一列数值为空。

(2) 选中存放运算结果的单元格 G3,在"公式"面板中,执行"函数库"→"插入函数"命令或单击"插入函数"按钮 f_x,打开"插入函数"对话框,如图 4-5 所示。

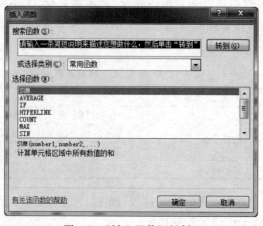

图 4-5　"插入函数"对话框

（3）在该对话框中选择函数分类和函数名 SUM 后，单击"确定"按钮，即可打开"函数参数"对话框，如图 4-6 所示。

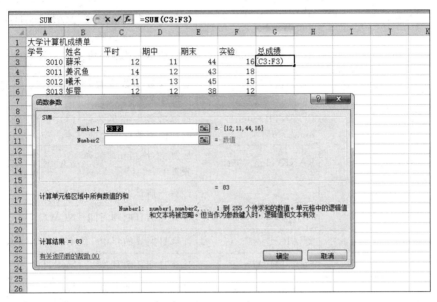

图 4-6 "函数参数"对话框

（4）在 SUM 函数的 Number1 文本框中输入或选择需要求和的单元格地址，在对话框的右侧显示出所选范围值以及求和结果。如果计算结果正确，单击"确定"按钮；如果不正确，重新调整单元格区域，直到满足计算要求为止。

如果使用公式实现上述实例，可以在 G3 单元格中输入公式"＝C3＋D3＋E3＋F3"。函数的使用简化了公式编辑操作，在涉及大量数据计算时效果更明显。

3. 常用函数

为便于计算、统计、汇总和数据处理，Excel 提供了大量函数。部分常用函数如表 4-2 所示。

表 4-2 Excel 常用函数

类 别	函 数 名	格 式	功 能	实 例
数学函数	ABS	ABS(num1)	计算绝对值	ABS(－2.7)，ABS(D4)
	MOD	MOD(num1,num2)	计算 num1 和 num2 相除的余数	MOD（20，3），MOD(C2,3)
	SQRT	SQRT(num1)	计算平方根	SQRT(45)，SQRT(A1)
	SUM	SUM(num1,num2,…)	计算所有参数和	SUM(34,2,5,4.2)
	AVERAGE	AVERAGE(num1,num2,…)	计算所有参数平均值	AVERAGE(D3:D8)

续表

类　别	函　数　名	格　　式	功　能	实　例
统计函数	MAX	MAX(num1, num2,…)	计算所有参数最大值	MAX(D3:D8)
	MIN	MIN(num1,num2,…)	计算所有参数最小值	MIN(34,−2,5,4.2)
	COUNT	COUNT(num1, num2,…)	计算参数中数值型数据的个数	COUNT(A1:A10)
	COUNTIF	COUNTIF(num1, num2,…)	计算参数中满足条件的数值型数据的个数	COUNTIF(B1:B8, >80)
	RANK	RANK(num1,list)	计算数字 num1 在列表 list 中的排位	RANK(78,C1:C10)
日期函数	TODAY		计算当前日期	TODAY()
	NOW		计算当前日期和时间	NOW()
	YEAR	YEAR(d)	计算日期 d 的年份	YEAR(NOW())
	MONTH	MONTH(d)	计算日期 d 的月份	MONTH(NOW())
	DAY	DAY(d)	计算日期 d 的天数	DAY(TODAY())
	DATE	DATE(y,m,d)	返回由 y、m、d 表示的日期	DATE(2010,11,30)
逻辑函数	IF	IF(logical,num1,num2)	如果测试条件 logical 为真，返回 num1，否则返回 num2	E3＝IF(D3>60,80, 0)
文本函数	MID	MID(text,num1,num2)	从 text 中 num1 位置开始截取 num2 个字符	MID(A2,4,2)
	CONCATENATE	CONCATENATE (text1,text2,…)	将多个文本合并成一个文本	CONCATENATE (A1,B2,…)
查找与引用	VLOOKUP	VLOOKUP(value, table,column)	在 table 中搜索 value 值，返回 table 中 column 列的值	VLOOKUP(D3,表2, 2)

4.2.3　函数的应用

1. 日期与时间函数

1) YEAR

格式：

YEAR(serial_num)

功能：返回指定日期中的年份，返回值为 1900～9999 的整数。

示例：＝YEAR("2015 年 5 月 23 日")，返回 2015 年 5 月 23 日的年份 2015。

2）MONTH

格式：

```
MONTH(serial_num)
```

功能：返回指定日期中的月份。月份是介于 1（一月）和 12（十二月）之间的整数。

示例：＝MONTH("2015 年 5 月 23 日")，返回 2015 年 5 月 23 日的月份 5。

3）TODAY

格式：

```
TODAY()
```

功能：返回当前日期。

示例：＝today()，返回当前日期。

4）DAY

格式：

```
DAY(serial_num)
```

功能：返回指定日期中的天数，用整数 1～31 表示。

示例：＝DAY("2015-12-18")，返回 18。

说明：如果给定具体的日期，应包含在英文双引号中。

5）NOW

格式：

```
NOW()
```

功能：返回当前日期和时间。

示例：＝NOW()，返回当前日期和时间。

说明：如果系统日期和时间发生了改变，只要按 F9 功能键，即可让 NOW 函数返回的当前日期和时间随之改变。

6）HOUR

格式：

```
HOUR(serial_num)
```

功能：返回时间值中的小时数，即一个 0(12:00A.M.)～23(11:00P.M.)的整数。

示例：＝HOUR("3:30:30AM")，返回时间值中的小时数 3。

7）MINUTE

格式：

```
MINUTE(serial_num)
```

功能：返回时间值中的分钟数，即一个 0～59 的整数。

示例：＝MINUTE("15:30:00")，返回时间值中的 30。

8）DATE

格式：

```
DATE(year,month,day)
```

功能：返回特定格式的日期。

示例：＝DATE(2013,13,35)，返回 2014-2-4。

说明：在上述公式中，月份为 13，多了一个月，故顺延至 2014 年 1 月；天数为 35，比 2014 年 1 月的实际天数又多了 4 天，故又顺延至 2014 年 2 月 4 日。

9）WEEKDAY

格式：

```
WEEKDAY(serial_num,return_type)
```

功能：返回指定日期为星期几。默认情况下，其值为 1（星期天）～ 7（星期六）的整数。

示例：＝WEEKDAY(DATE(2016,3,6),2)，返回 7（星期日）。

＝WEEKDAY(DATE(2015,8,28),2)，返回 5（星期五）。

说明：return_type 为 2 时，星期一返回 1，星期二返回 2，以此类推。

2. 数学与三角函数

1）INT

格式：

```
INT(num1)
```

功能：将数值向下取整为最接近的整数。

示例：＝INT(18.89)，返回 18。

说明：在取整时，不进行四舍五入。如果输入的公式为＝INT(−18.89)，则返回结果为−19。

2）MOD

格式：

```
MOD(num1,num2)
```

功能：计算 num1 和 num2 相除的余数。

示例：＝MOD(5,−4)，返回−3。

说明：两个整数求余时，其值的符号为除数的符号。如果除数为 0，函数 MOD 返回错误值 ♯DIV/0！。

3）SUM

格式：

```
SUM(num1,num2,…)
```

功能：计算所有参数和。

示例：=SUM(A1,B2:C3)，对单个单元格 A1 及 B2:C3 区域求和。

说明：需要求和的参数个数不能超过 30 个。

4）SUMIF

格式：

```
SUMIF(range,criteria,sum_range)
```

功能：对满足条件的单元格求和。

示例：假如 A1:A36 单元格存放某班学生的考试成绩，若要计算及格学生的总分，可以使用公式"=SUMIF(A1:A36,">=60",A1:A36)"，式中的 A1:A36 为提供逻辑判断依据的单元格引用，">=60"为判断条件，不符合条件的数据不参与求和。

说明：第一个参数 range 为条件区域，用于条件判断的单元格区域；第二个参数 criteria 是求和条件，以确定对哪些单元格求和，其形式可以是由数字、逻辑表达式等组成的判定条件；第三个参数 sum_range 为实际求和区域，即需要求和的单元格、区域或引用。当省略第三个参数时，条件区域就是实际求和区域。

5）SUMIFS

格式：

```
SUMIFS(sum_range,criteria_range, criteria,…)
```

功能：对一组给定条件制定的单元格求和。

示例：如图 4-7 所示，在单元格 E1 中输入一个公式并按 Enter 键，汇总销售额在 15 000～25 000的员工的销售总额。公式为

=SUMIFS(B2:B10,B2:B10,">=15000",B2:B10,"<=25000")

D1　　f_x　=SUMIFS(B2:B10,B2:B10,">=15000",B2:B10,"<=25000")

	A	B	C	D	E	F	G
1	姓名	销售额	汇总15000-25000销售额	59198			
2	刘树梅	26746					
3	元芳	10045					
4	薛力	12518					
5	胡伟	26365					
6	蒋超	14305					
7	刘力平	12361					
8	朱红	20752					
9	邓苗	19784					
10	姜然	18662					

图 4-7　汇总指定销售额范围内的员工的销售总额

说明：

(1) 如果在 SUMIFS 函数中设置了多个条件，那么只对参数 sum_range 中同时满足所有条件的单元格进行求和。

(2) 与 SUMIF 函数不同的是，SUMIFS 函数中的求和区域(sum_range)与条件区域(criteria_range)的大小和形状必须一致，否则公式出错。

3. 统计函数

1）AVERAGE

格式：

```
AVERAGE(num1,num2,…)
```

功能：求出所有参数的算术平均值。

示例：＝AVERAGE（A1,B2:C3），对单个单元格 A1 及 B2:C3 区域求平均值。

说明：需要求和的参数个数不能超过 30 个。

2）COUNT

格式：

```
COUNT(num1,num2,…)
```

功能：计算参数中数值型数据的个数。

示例：＝COUNT(A1:D5)，对 A1:D5 区域统计包含数字值的单元格个数。

说明：COUNT 函数是对参数中数字值数据的个数进行统计，参数可以是单元格、单元格区域、数字、字符等，对于含数字值的参数只统计个数，数字值内容不受影响。

3）COUNTIF

格式：

```
COUNTIF(num1,num2,…)
```

功能：计算参数中满足条件的数值型数据的个数。

示例：＝COUNTIF(B1:B13,"＞＝80")，统计出 B1:B13 单元格区域中数值大于或等于 80 的单元格数目。

说明：允许引用的单元格区域中有空白单元格。

4）COUNTIFS

格式：

```
COUNTIFS(num1,num2,…)
```

功能：计算参数中满足条件的数值型数据的个数。

示例：如图 4-8 所示，求 9 月份上半月上海发货平台的发货单数。公式为
　　　＝COUNTIFS(A2:A13,"上海发货平台",B2:B13,"＜2015-9-16")

说明：在 COUNTIFS 函数的参数中，条件的形式可以为数字、文本或表达式。当条件是文本或表达式时，注意要使用英文双引号。

5）MAX

格式：

```
MAX(num1,num2,…)
```

功能：返回所有参数中的最大值。

示例：如果 A1:A5 包含数字 10、7、9、27 和 2，则"＝MAX(A1:A5,30)"返回 30。

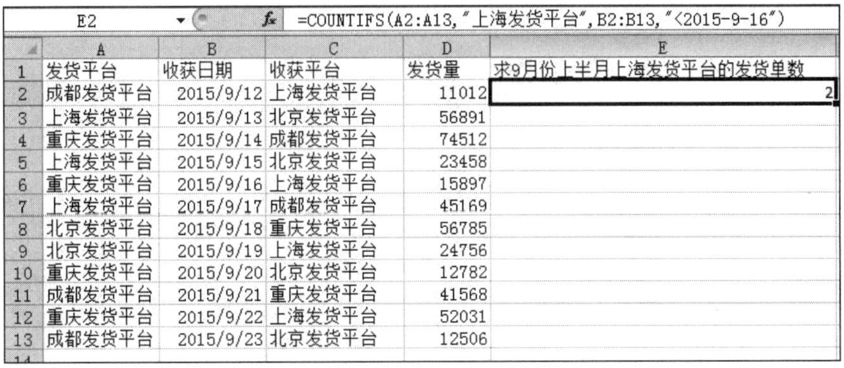

E2　=COUNTIFS(A2:A13,"上海发货平台",B2:B13,"<2015-9-16")

	A	B	C	D	E
1	发货平台	收获日期	收获平台	发货量	求9月份上半月上海发货平台的发货单数
2	成都发货平台	2015/9/12	上海发货平台	11012	2
3	上海发货平台	2015/9/13	北京发货平台	56891	
4	重庆发货平台	2015/9/14	成都发货平台	74512	
5	上海发货平台	2015/9/15	北京发货平台	23458	
6	重庆发货平台	2015/9/16	上海发货平台	15897	
7	上海发货平台	2015/9/17	成都发货平台	45169	
8	北京发货平台	2015/9/18	重庆发货平台	56785	
9	北京发货平台	2015/9/19	上海发货平台	24756	
10	重庆发货平台	2015/9/20	北京发货平台	12782	
11	成都发货平台	2015/9/21	重庆发货平台	41568	
12	重庆发货平台	2015/9/22	上海发货平台	52031	
13	成都发货平台	2015/9/23	北京发货平台	12506	

图 4-8　COUNTIFS 函数示例

说明：参数可以是数字或者是包含数字的名称、数组或引用。

6）MIN

格式：

```
MIN(num1,num2,…)
```

功能：返回所有参数中的最小值。

示例：如果 A1:A5 包含数字 10、7、9、27 和 2，则"=MIN(A1:A5,30)"返回 2。

说明：参数可以是数字或者是包含数字的名称、数组或引用。

7）RANK

格式：

```
RANK(num1,list)
```

功能：返回数字 num1 在列表 list 中的排位。

示例：=RANK(A2,$A$2:$A$24)。其中 A2 是需要确定位次的数据，$A$2:$A$24 表示数据范围，括号里的内容即表示 A2 单元格数据在 A2:A24 这个数据区域的排名情况。

说明：在输入数据范围的时候，数据范围应是绝对引用，需要使用 $ 符号，否则，当涉及相对引用时，排出来的名次可能是错误的。

4. 查找与引用函数

1）INDEX

格式：

```
INDEX(array,row_num,column_num)
```

功能：返回列表或数组中的元素值，此元素由行序号和列序号的索引值确定。

示例：如图 4-9 所示，在 F8 单元格中输入公式"=INDEX(A1:D11,4,3)"，返回 A1:D11 单元格区域中第 4 行和第 3 列交叉处的单元格（即 C4）中的内容。

说明：此处的行序号参数（row_num）和列序号参数（column_num）是相对于引用的单元格区域而言的，不是 Excel 工作表中的行或列序号。

	A	B	C	D	E	F
1	学号	姓名	性别	成绩		
2	10401	丁1	男	85.0		
3	10402	丁2	男	71.0		
4	10403	丁3	女	71.0		
5	10404	丁4	女	70.0		
6	10405	丁5	男	75.0		
7	10406	丁6	男	72.0		
8	10407	丁7	男	92.0		女
9	10408	丁8	男	68.0		
10	10409	丁9	女	67.0		
11	10410	丁10	女	62.0		

F8 =INDEX(A1:D11,4,3)

图 4-9 INDEX 函数示例

2) MATCH

格式:

```
MATCH(lookup_value,lookup_array,match_type)
```

功能:返回在指定方式下与指定数值匹配的数组中元素的相应位置。

示例:如图 4-10 所示,在 B7 单元格中输入公式"=MATCH(100,B2:B5,0)",返回 3。

	A	B	C	D	E
1	姓名	语文	数学	英语	
2	小白	85	50	75	
3	小杜	85	78	99	
4	小静	100	98	90	
5	小燕	81	99	97	
6					
7		3			

B7 =MATCH(100,B2:B5,0)

图 4-10 MATCH 函数示例

说明:lookup_array 只能为一列或一行。match-type 表示查询的指定方式,1 表示查找小于或等于指定内容的最大值,而且指定区域必须按升序排列;0 表示查找等于指定内容的第一个数值;-1 表示查找大于或等于指定内容的最小值,而且指定区域必须降序排列。

3) LOOKUP

格式:

```
LOOKUP(lookup_value,lookup_vector,result_vector)
```

功能:用于在查找范围中查询指定的值,并返回另一个范围中对应位置的值。

示例:如图 4-11 所示,在"频率"列中查找 4.19,然后返回颜色列中同一行内的值(橙色)。在 C2 单元格中输入"=LOOKUP(4.19,A2:A6,B2:B6)",返回"橙色"。

说明:lookup 函数的使用要求查询条件按照升序排列,所以在执行该函数之前需要对表格进行排序处理。

如果 LOOKUP 找不到 lookup_value,它会匹配 lookup_vector 中小于或等于 lookup_

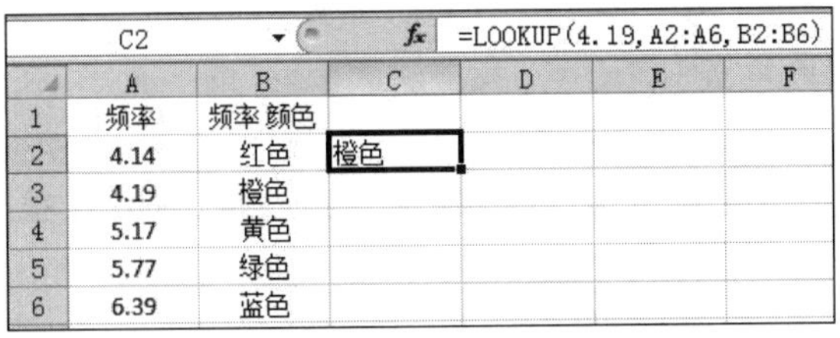

C2　=LOOKUP(4.19,A2:A6,B2:B6)

	A	B	C	D	E	F
1	频率	频率颜色				
2	4.14	红色	橙色			
3	4.19	橙色				
4	5.17	黄色				
5	5.77	绿色				
6	6.39	蓝色				

图 4-11　LOOKUP 函数示例

value 的最大值。如果 lookup_value 小于 lookup_vector 中的最小值，则 LOOKUP 会返回错误值＃N/A。

4）VLOOKUP

格式：

```
VLOOKUP(lookup_value,table_array,col_index_num,range_lookup)
```

功能：搜索表区域首列满足条件的元素，确定待检索单元格在区域中的行序号，再进一步返回选定单元格的值。默认情况下，表是以升序排序的。

示例：如图 4-12 所示，要求根据“表二”中的姓名查找对应的年龄。公式为

＝VLOOKUP(F3，$B$2：$D$8，3，0)

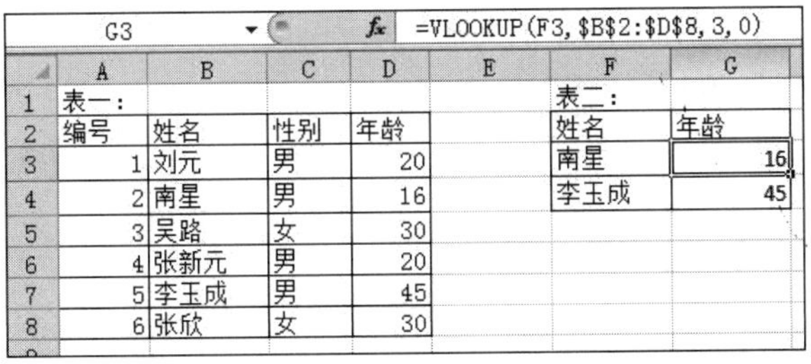

G3　=VLOOKUP(F3,$B$2:$D$8,3,0)

	A	B	C	D	E	F	G
1	表一：					表二：	
2	编号	姓名	性别	年龄		姓名	年龄
3	1	刘元	男	20		南星	16
4	2	南星	男	16		李玉成	45
5	3	吴路	女	30			
6	4	张新元	男	20			
7	5	李玉成	男	45			
8	6	张欣	女	30			

图 4-12　VLOOKUP 函数示例

说明：给定的第二个参数指定的查找范围要符合以下条件。

（1）查找目标一定要在该区域的第一列。

（2）该区域中一定要包含返回值所在的列。

第三个参数是一个整数值，它是返回值在第二个参数指定的区域中的列数。

第四个参数是决定函数精确和模糊查找的关键，精确即完全一样，模糊即包含的意思。值为 0 或 FALSE 时表示精确查找，而值为 1 或 TRUE 时则表示模糊。在使用 VLOOKUP 时千万不要把这个参数漏掉了，如果缺少这个参数，则默认值为模糊查找，就无法精确查找到结果了。

5. 文本函数

1）LEFT

格式：

```
LEFT(text,num_chars)
```

功能：从一个文本字符串的第一个字符开始返回指定个数的字符。

示例：假定 A38 单元格中保存了"我喜欢天极网"的字符串，在 C38 单元格中输入公式"＝LEFT(A38,3)"，返回"我喜欢"。

说明：此函数名的英文意思为"左"，即从左边截取。Excel 很多函数都取其英文的意思。

2) RIGHT

格式：

```
RIGHT(text,num_chars)
```

功能：从一个文本字符串的最后一个字符开始返回指定个数的字符。

示例：假定 A38 单元格中保存了"我喜欢天极网"的字符串，在 C38 单元格中输入公式"＝RIGHT(A38,3)"，返回"天极网"。

说明：此函数名的英文意思为"右"，即从右边截取。

3) MID

格式：

```
MID(text,start_num,num_chars)
```

功能：从文本字符串中指定的起始位置起返回指定长度的字符。

示例：假定 A38 单元格中保存了"我喜欢天极网"的字符串，在 C38 单元格中输入公式"＝MID(A38,3,2)"，返回"欢天"。

说明：空格也是一个字符。

4) CONCATENATE

格式：

```
CONCATENATE(text1,text2,…)
```

功能：将多个字符文本或单元格中的数据连接在一起，显示在一个单元格中。

示例：在 C14 单元格中输入公式"＝CONCATENATE(A14,"@",B14,".com")"，即可将 A14 单元格中的字符、@、B14 单元格中的字符和".com"连接成一个整体，显示在 C14 单元格中。

说明：如果参数不是单元格引用，且为文本格式，应给参数加上英文双引号。如果将上述公式改为"＝A14&"@"&B14&".com""，也能达到相同的目的。

6. 逻辑函数

1) IF

格式：

```
IF(logical,num1,num2)
```

功能：如果测试条件 logical 为真，返回 num1，否则返回 num2。

示例：在 C29 单元格中输入公式"＝IF(C26＞=18,"符合要求","不符合要求")"，如果 C26 单元格中的数值大于或等于 18，则 C29 单元格显示"符合要求"字样，反之显示"不符合要求"字样。

2）IFERROR

格式：

IFERROR(value,value_if_error)

功能： 如果表达式是一个错误，则返回 value_if_error，否则返回表达式 value 自身的值。

示例： 如图 4-13 所示，在 C2 单元格中输入公式"=IFERROR(A2/B2,"除数不能为0")"，返回结果"除数不能为 0"。

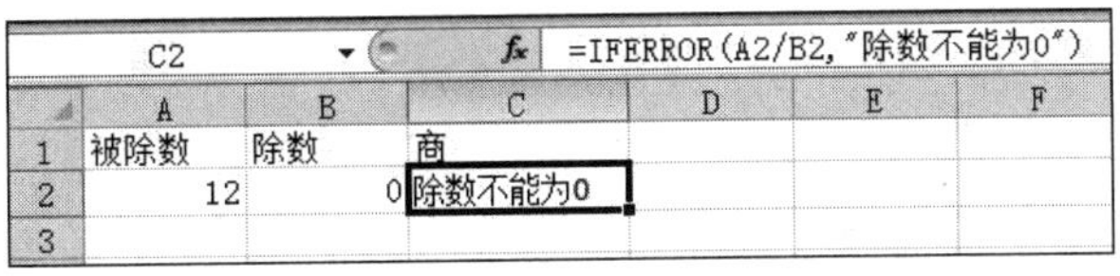

图 4-13　IFERROR 函数示例

说明： 表达式 value 计算得到的错误类型包括♯N/A、♯VALUE!、♯REF!、♯DIV/0!、♯NUM!、♯NAME? 和♯NULL!。

4.2.4　单元格引用

在 Excel 公式中可以使用当前工作表中其他单元格的数据，也可以使用同一工作簿的其他工作表中的数据，也可以使用其他工作簿的工作表中的数据。单元格引用也就是给出单元格的地址。Excel 公式的关键就是灵活地使用单元格引用。单元格引用包括相对引用、绝对引用和混合引用。下面分别介绍这几种引用的构成和使用方法。

1. 相对引用

相对引用是指当把一个含有单元格地址的公式复制到一个新的位置时，公式中的单元格地址会随之改变，这是 Excel 默认的引用形式。例如，公式是 G3＝C3＋D3＋E3＋F3，当把 G3 复制到 G4 时，相应的公式即变为 G4＝C4＋D4＋E4＋F4。

可以看出，在输入公式时，单元格引用和公式所在单元格之间通过它们的相对位置建立了一种联系。当公式被复制到其他位置时，公式中的单元格引用也会作相应的调整，使得这些单元格和公式所在的单元格之间的相对位置不变，这就是相对引用。

可以通过 Ctrl＋'组合键切换显示单元格值和公式。

2. 绝对引用

如果公式中的单元格地址不随着公式位置变化而发生变化，这种引用就是绝对引用。在列号和行号之前加上符号 $ 就构成了单元格的绝对引用，如 $C$3、$F$6 等。

例如，公式为 G3＝$C$3＋$D$3＋$E$3＋$F$3，当把 G3 单元格复制到 G4 时，G4 的内容仍然是 $C$3＋$D$3＋$E$3＋$F$3，因此 G4 和 G3 单元格中的数值相同。

3. 混合引用

在某些情况下,复制公式时,可能只有行或只有列保持不变,这时就需要混合引用。混合引用是指同时包含相对引用和绝对引用的引用。例如,$A1表示列的位置是绝对的,行的位置是相对的;而A$1表示列的位置是相对的,而行的位置是绝对的。

例如,如果F3=$C3+D$3,当把F3单元格复制到F4时,F4单元格的公式是$C4+E$3。

在Excel中还可以引用其他工作表中的内容,方法是在公式中包括工作表引用和单元格引用。例如,当前工作表为Sheet1,要引用工作表Sheet3中的B18单元格,可以在公式中输入Sheet3!B18,用感叹号(!)将工作表引用和单元格引用隔开。另外,还可以引用其他工作簿的工作表中的单元格。例如,[Book5]Sheet2!A5表示引用工作簿Book5的工作表Sheet2中的单元格A5。

默认情况下,当引用的单元格数据发生变化时,Excel都会自动重新计算。

4.3　编辑和格式化工作表

在数据输入的过程中或数据输入完成后,需要对工作表进行编辑修改,最后完成工作表格式化工作,使工作表更美观、实用。

4.3.1　编辑工作表

1. 单元格操作

1) 修改单元格内容

单击要修改内容的单元格,输入新数据,输入的数据将覆盖单元格中原来的数据。如果只想修改单元格中的部分数据,可在单元格内双击,然后修改。也可以将鼠标指针移至数据编辑栏中,在要修改的地方单击,对单元格内容进行修改。

2) 清除单元格内容

选定要清除内容的单元格或区域后,按Del键。如果要清除单元格或区域中的格式或批注,应先选定单元格或区域,在"开始"面板中,执行"编辑"组中的"清除"命令,根据提示再选择相应的选项。

3) 插入单元格

在"开始"面板中,执行"单元格"组中的"插入"命令,可以插入一个或多个单元格、整个行或列。如果将单元格插入已有数据的中间,会引起其他单元格下移或右移。

4) 删除单元格

选定要删除的单元格、行或列,在"开始"面板中,执行"单元格"组中的"删除"命令,在弹出的下拉菜单中根据需要选择相应的选项。当删除一行时,该行下面的行向上移;当删除一列时,该列右边的列向左移。

"删除"命令和"清除"命令不同。"清除"命令只能移走单元格的内容,而"删除"命令将同时移走单元格的内容与空间。Excel删除行或列后,将其余的行或列按顺序重新编号。

2．工作表操作

1）插入和删除工作表

执行"开始"→"单元格"→"插入"命令，在弹出的下拉菜单中选择"插入工作表"选项，可以实现工作表的插入操作。

单击工作簿中的工作表标签，选定要删除的工作表，执行"开始"→"单元格"→"删除"命令，在弹出的下拉菜单中选择"删除工作表"选项，即可将当前工作表删除。

插入和删除工作表也可以通过右键快捷菜单实现。

2）移动和复制工作表

通过鼠标拖动或菜单操作这两种方法可以实现移动或复制工作表。

第 1 种方法是单击要移动的工作表并拖动鼠标，工作表标签上方出现一个黑色小三角以指示移动的位置，当黑色小三角出现在指定位置时释放鼠标，就实现了工作表的移动操作。如果想复制工作表，则在拖动的同时按下 Ctrl 键，此时在黑色小三角的右侧出现一个＋，表示工作表可进行复制。此方法适用于在同一工作簿中移动或复制工作表。

第 2 种方法是右击要复制或移动的工作表标签，再选择快捷菜单中的"移动或复制工作表"命令，出现如图 4-14 所示的对话框，之后选择目的工作表和插入位置，如移动到某个工作表之前或最后。单

图 4-14　"移动或复制工作表"
对话框

击"确定"按钮，即完成了不同工作簿间工作表的移动。若选择"建立复本"复选框，则为复制操作。此方法适用于在不同工作簿间移动或复制工作表。

4.3.2　格式化工作表

1．设置单元格格式

设置单元格格式主要包括设置单元格中数字的类型、文本的对齐方式、字体、单元格的边框、图案及单元格的保护等。

选择单元格或单元格区域后，执行"开始"→"单元格"→"格式"命令，弹出下拉菜单，选择"设置单元格格式"选项，出现"设置单元格格式"对话框，如图 4-15 所示，在此对话框中即可进行单元格格式化。

- 通过"数字"选项卡中的"分类"列表框，可以设置单元格数据的类型。
- 通过"对齐"选项卡可以设置文本的对齐方式、合并单元格、单元格数据的自动换行等。Excel 默认的文本格式是左对齐的，而数字、日期和时间是右对齐的，更改对齐方式并不会改变数据类型。
- 通过"字体"选项卡可对单元格数据的字体、字形和字号进行设置，操作方法与 Word 相同。需要注意的是，应先选中操作的单元格数据，再执行设置命令。

图 4-15 "设置单元格格式"对话框

- 通过"边框"选项卡提供的样式为单元格添加边框,这样能够使打印出的工作表更加直观清晰。初始创建的工作表表格没有实线,工作窗口中的网格线仅仅是为用户创建表格数据方便而设置的。要想打印出具有实线的表格,可在该选项卡中进行设置。
- 通过"填充"选项卡为单元格添加底纹,并可设置单元格底纹的图案。
- 通过"保护"选项卡可以隐藏公式或锁定单元格,但该功能需要在工作表被保护时才有效。

图 4-16 是设置工作表数据格式的示例。

	A	B	C	D	E	F
1	原数据格式	-6937.4	345	1月22日	水平和垂直居中	单元格内换行
2	格式化后数据格式	-6,937.40	￥345.00	二〇一一年一月二十二日	水平和垂直居中	单元格内换行
3						
4	说明	设置负数格式	加货币符号	更改日期格式	设置水平和垂直居中	单元格内换行

图 4-16 设置工作表数据格式的示例

2. 设置行列

设置行列包括设置行高或列宽、插入和删除行或列、复制和剪切行或列、隐藏和显示行或列。

这些操作都可以通过执行"开始"面板"单元格"组中的"插入""删除"和"格式"命令实现,也可以通过快捷菜单实现。

下面以删除行或列为例说明。

(1) 选中需处理的行(列)或该行(列)的单元格。

(2) 执行"开始"→"单元格"→"删除"→"删除工作表行(列)"命令。

3. 套用样式

Excel 2010 提供了很多已经设置好的单元格样式和表格样式供用户直接套用。

1) 套用单元格样式

选中需要设置的单元格,执行"开始"→"样式"→"单元格样式"命令,在下拉列表中选择需要的样式即可,如图 4-17 所示。也可以通过"新建单元格样式"选项新建用户自定义的样式。通过某一样式的右键快捷菜单可实现对样式的修改或删除。如果要清除单元格样式,可通过"开始"面板中的"编辑"→"清除"→"清除格式"命令实现。

图 4-17 "单元格样式"下拉列表

2) 套用表格样式

选中需要设置的表格或表格内的单元格,执行"开始"→"样式"→"套用表格格式"命令,在下拉列表中选择需要的样式,确定设置区域即可。也可以通过"新建表格样式"选项新建用户自定义的样式。通过某一自定义样式的右键快捷菜单可实现对样式的修改或删除。若需要清除表格样式,可通过"开始"面板中的"编辑"→"清除"→"清除格式"命令实现。实现了表格样式套用的例子如图 4-18 所示。

4. 条件格式

条件格式可以将符合某些条件的数据以特定格式显示。在"开始"→"样式"→"条件格式"的下拉菜单中,可实现对条件格式的设置、建立、清除和管理等操作,如图 4-19 所示。

图 4-18　套用表格样式示例　　　　图 4-19　"条件格式"的下拉菜单

1）内置条件格式

Excel 2010 内置了一些设置好的条件格式，用户可直接使用。主要有以下 5 类：

- 突出显示单元格规则。可实现对值满足大于、小于、介于、等于、文本包含、发生日期、重复值等条件的单元格格式的设置。
- 项目选取规则。可实现对值满足最大若干项、最小若干项、高于或低于平均值等条件的单元格进行格式设置。
- 数据条。用彩色数据条的长度表示单元格中数据值的大小。数据条越长，所表示的数据越大。
- 色阶。在一个单元格区域中显示双色渐变或三色渐变，颜色的底纹表示单元格中的值。
- 图标集。在每个单元格中显示图标集中的一个图标，每个图标表示单元格的一个值。

2）自定义条件格式

执行"开始"→"样式"→"条件格式"→"新建规则"命令，打开"新建格式规则"对话框，即可实现条件格式的设置。图 4-20 为条件格式设置示例。

	A	B	C	D	E	F	G	H
1				某电视竞赛打分情况表				
2						比赛日期：	2013年5月1日	
3	选手姓名	选手编号	性别	评委打分	现场观众打分	电视观众打分	最终得分	与最高分之差
4	李丽飞	001	女	85	92	87	87.2	5.6
5	王君	002	女	91	92	95	92.8	0
6	高红红	003	女	88	87	90	88.6	4.2
7	周旺心	004	男	76	82	75	76.8	16
8	邓子勇	005	男	67	83	69	71.0	21.8
9	张石	006	男	91	90	89	90.0	2.8

图 4-20　条件格式设置示例

操作步骤如下：

（1）选中 G4:G9 单元格区域，执行"开始"面板中的"样式"→"条件格式"→"新建规则"命令，打开"新建格式规则"对话框，"选择规则类型"为"只为包含以下内容的单元格设置格式"，输入规则"单元格值大于 90"，单击"格式"按钮，打开"设置单元格格式"对话框，在"填充"选项卡中选择"绿色"，单击"确定"按钮，回到"新建格式规则"对话框，完成"最终得分大于 90 的单元格背景色为绿色"的条件格式设置，如图 4-21 所示。

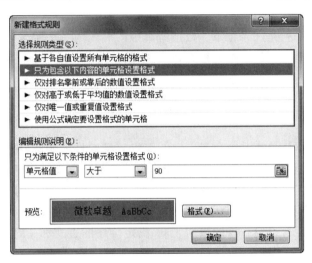

图 4-21 设置条件格式

（2）再次执行"开始"面板中的"样式"→"条件格式"→"新建规则"命令，打开"新建格式规则"对话框，设置"最终得分介于 80 到 90 的单元格背景色为黄色"的条件格式，如图 4-22 所示。同理，可添加"最终得分小于 80 的单元格背景色为红色"的条件格式。

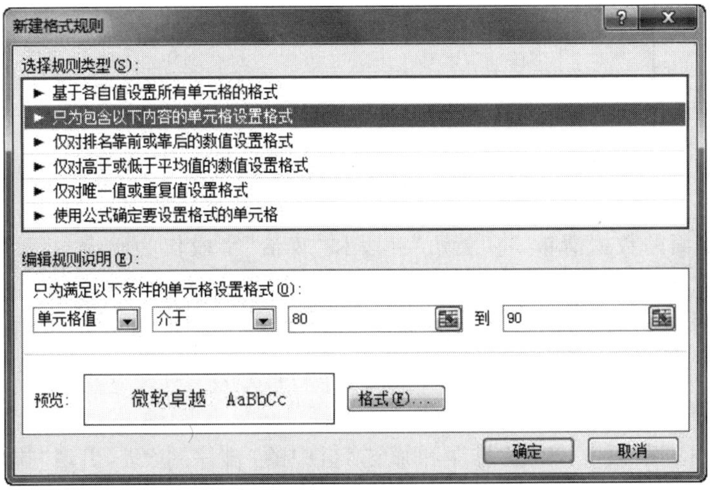

图 4-22 添加条件格式

4.4　数据库操作

Excel 2010 提供了丰富的数据库操作功能。Excel 的数据库是由行和列组成的数据记录的集合，又称为数据清单。数据清单是指工作表中连续的数据区，每一列包含着相同类型的数据。因此，数据清单是一张有列标题的特殊工作表。数据清单由记录、字段和字段名 3 个部分组成。

数据清单中的一行是一条记录。数据清单中的一列为一个字段，是构成记录的基本数据单元。字段名是数据清单的列标题，它位于数据清单的最上面。字段名标识了字段，Excel 根据字段名进行排序、检索以及分类汇总等。

4.4.1　排序

排序是指对数据清单按某个字段名重新组织记录的排列顺序，排序所依据的字段也叫关键字。Excel 允许最多指定 3 个关键字作为组合关键字参加排序，3 个关键字按顺序分别称为主要关键字、次要关键字和第三关键字。当主要关键字相同时，次要关键字才起作用；当主要关键字和次要关键字都相同时，第三关键字才起作用。

实现排序主要经过确定排序的数据区域、指定排序的方式和指定排序关键字 3 个步骤。这些操作都是通过"排序"对话框完成的。

本节及后面的例子（包括排序、筛选、分类汇总和数据透视表）用到的数据清单如图 4-23 所示。

	A	B	C	D	E	F	G	H
1	学生成绩清单							
2	学号	姓名	专业	性别	英语	政治	哲学	总成绩
3	3010	薛采	计算机	男	78	87	67	232
4	3011	姜沉鱼	日语	女	67	90	78	235
5	3012	曦禾	动画	女	63	62	64	189
6	3013	姬婴	计算机	男	89	65	71	225
7	3014	昭尹	动画	男	78	74	62	214
8	3015	潘方	日语	男	56	77	65	198
9	3016	颐非	日语	女	72	90	78	240

图 4-23　数据清单实例

例如，对前面的数据清单，将"英语"字段和"政治"字段作为组合关键字进行排序，步骤如下：

（1）选定要排序的数据区域，若对所有的数据进行排序，则不用全部选中排序数据区，只要将插入点置入要排序的数据清单中，在执行"排序"命令后，系统即可自动选中该数据清单中的所有记录。

（2）在"数据"面板中，单击"排序和筛选"组中的"排序"按钮，出现"排序"对话框，如图 4-24 所示。

（3）在"排序"对话框中，选择主要关键字为"英语"，次要关键字为"政治"，其他选项保持默认设置，单击"确定"按钮，完成排序操作。

图 4-24　"排序"对话框

也可以使用"开始"面板"编辑"组下面的"排序和筛选"按钮对工作表中的数据进行快速排序。

4.4.2　筛选

筛选是指在工作表中只显示符合条件的记录供用户使用和查询,隐藏不符合条件的记录。Excel 提供了自动筛选和高级筛选两种工作方式。自动筛选是按简单条件进行查询,高级筛选是按多种条件组合进行查询。

1. 自动筛选

以图 4-23 所示的数据清单为例,自动筛选出英语成绩高于 70 分的记录,操作步骤如下:

(1)单击数据清单中的任意单元格。在"数据"面板中,单击"排序和筛选"组中的"筛选"按钮,此时每个列标题旁都出现了一个下箭头。

(2)单击已提供筛选条件的标题中的下箭头,出现一个筛选条件列表框,选择"数字筛选"中的相关选项,如图 4-25 所示。

(3)在弹出的"自定义自动筛选方式"对话框中,输入设置的条件,单击"确定"按钮,即可将满足条件的数据记录显示在当前工作表中,同时 Excel 会隐藏所有不满足筛选条件的记录。

通过筛选条件列表框可以设置多个筛选条件。如果数据清单中记录很多,这个功能非常有效。

执行自动筛选后,再次单击"数据"面板"排序和筛选"组中的"筛选"按钮,将恢复显示原有工作表的所有记录,退出筛选状态。

2. 高级筛选

高级筛选是指按多种条件的组合进行查询的方式。以图 4-23 所示的数据清单为例,自动筛选出英语成绩高于 70 分并且哲学成绩高于 65 分的记录,操作步骤如下:

(1)选择不影响数据的空白单元格 A11:B12 制作条件区域,输入条件。

(2)单击数据清单中的任意单元格,或选中需筛选数据的单元格区域 A2:H9。在

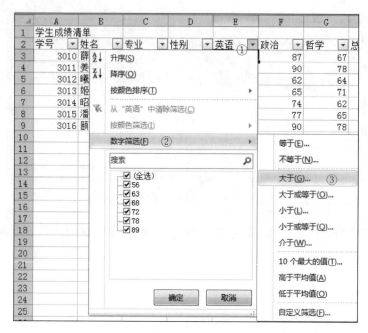

图 4-25   设置自动筛选

"数据"面板中,单击"排序和筛选"组中的"高级"按钮,打开"高级筛选"对话框。

(3)在"高级筛选"对话框中,设定列表区域和条件区域,单击"确定"按钮,即可筛选出符合条件的结果,如图 4-26 所示。

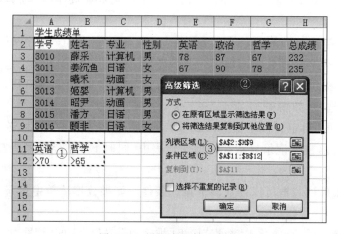

图 4-26   设置高级筛选条件

4.4.3   分类汇总

分类汇总就是对数据清单中的某一字段进行分类,再按某种方式汇总并显示出来。在按字段进行分类汇总前,必须先对该字段进行排序,以使分类字段值相同的记录排在一起。

对于图 4-23 所示的数据清单,要求使用分类汇总功能计算男生、女生的总成绩和英语的平均值,步骤如下:

(1)按性别排序。将插入点置于数据清单中,执行"数据"→"排序和筛选"→"排序"命令,在"排序"对话框中设置排序关键字为"性别",单击"确定"按钮完成排序。

(2)插入点仍然置于数据清单中。在"数据"面板中,单击"分级显示"组中的"分类汇总"按钮,弹出"分类汇总"对话框,设置分类字段为"性别",汇总方式为"平均值",汇总项为"英语"和"总成绩"两个字段,如图 4-27 所示。

图 4-27 "分类汇总"对话框

(3)单击"确定"按钮,得到分类汇总结果,如图 4-28 所示。单击汇总表左侧的折叠按钮 ▬、展开按钮 ➕ 可得到不同级别的分类结果。

		A	B	C	D	E	F	G	H
1		学生成绩清单							
2		学号	姓名	专业	性别	英语	政治	哲学	总成绩
3		3010	薛采	计算机	男	78	87	67	232
4		3013	姬婴	计算机	男	89	65	71	225
5		3014	昭尹	动画	男	78	74	62	214
6		3015	潘方	日语	男	56	77	65	198
7					男 平均值	75.25			217.25
8		3011	姜沉鱼	日语	女	67	90	78	235
9		3012	曦禾	动画	女	63	62	64	189
10		3016	颐非	日语	女	72	90	78	240
11					女 平均值	67.333333			221.3333333
12					总计平均值	71.857143			219

图 4-28 分类汇总结果

4.4.4 合并计算

合并计算可以将多个格式一致的报表合并起来。如图 4-29 所示,在一个工作簿的不同工作表中分别存放了学生的平时成绩和卷面成绩。

	A	B	C	D	E	F	G
1			学生平时成绩表				
2	学号	姓名	专业	性别	英语	政治	哲学
3	3010	薛采	计算机	男	25	26	28
4	3011	姜沉鱼	日语	女	22	20	24
5	3012	曦禾	动画	女	27	23	19
6	3013	姬婴	计算机	男	25	26	28
7	3014	昭尹	动画	男	22	20	24
8	3015	潘方	日语	男	27	23	19
9	3016	颐非	日语	女	24	26	29

图 4-29 合并计算示例工作簿

需要计算学生的总成绩时可以使用合并计算,主要步骤如下:

(1)切换到"总成绩"工作表,选中汇总结果目标区域 E3:E9 或该区域的起始单元格 E3。

（2）执行"数据"→"数据工具"→"合并计算"命令，打开"合并计算"对话框，设置"函数"为"求和"。

（3）单击"引用位置"文本框右侧按钮，使对话框折叠为浮动工具条，切换到"平时成绩"工作表，选择平时成绩所对应的数据区域 E3：E9。单击浮动条右侧按钮返回"合并计算"对话框，单击"添加"按钮，将"平时成绩"工作表的选定数据区域添加到"所有引用位置"列表框中。同理，添加"卷面成绩"工作表中对应的数据区域。最后，单击"确定"按钮，即可实现合并计算，如图 4-30 所示。

图 4-30　设置合并计算

4.5　上机实践

4.5.1　上机实践 1

小蒋是一位中学教师，在教务处负责初一年级学生的成绩管理。他通过 Excel 2010 来管理学生成绩。

现在，第一学期期末考试刚刚结束，小蒋将初一年级 3 个班的成绩均录入到文件名为"学生成绩单.xlsx"的 Excel 工作簿文档中。

请根据下列要求帮助小蒋对该成绩单进行整理和分析：

（1）对工作表"第一学期期末成绩"中的数据列表进行格式化操作：将第一列"学号"设为文本，将所有成绩列设为保留两位小数的数值；适当加大行高和列宽，改变字体、字号，设置对齐方式，增加适当的边框和底纹以使工作表更加美观。

（2）利用条件格式功能进行下列设置：将语文、数学、英语 3 科中不低于 110 分的成绩所在的单元格以一种颜色填充，将其他 4 科中高于 95 分的成绩以另一种字体颜色标出，所用颜色深浅以不遮挡数据为宜。

（3）利用 SUM 和 AVERAGE 函数计算每一个学生的总分及平均成绩。

（4）学号第 3、4 位代表学生所在的班级，例如，"120105"中的"01"代表 1 班。请通过函数提取每个学生所在的班级并按下列对应关系填写在"班级"列中：

学号第3、4位	对应班级
01	1班
02	2班
03	3班

（5）复制"第一学期期末成绩"工作表，将副本放置到原表之后；改变该副本工作表标签的颜色，并重新命名，新表名需包含"分类汇总"字样。

（6）通过分类汇总功能求出每个班各科的平均成绩，并将每组结果分页显示。

（7）以分类汇总结果为基础，创建一个簇状柱形图，对每个班各科平均成绩进行比较，并将该图表放置在一个名为"柱状分析图"的新工作表中。

操作提示："学生成绩单.xlsx"工作簿的"第一学期期末成绩"工作表内容如图4-31所示。

	A	B	C	D	E	F	G	H	I	J	K	L	M
1	学号	姓名	班级	语文	数学	英语	生物	地理	历史	政治	总分	平均分	
2	120305	包宏伟		91.5	89	94	92	91	86	86			
3	120203	陈万地		93	99	92	86	86	73	92			
4	120104	杜学江		102	116	113	78	88	86	73			
5	120301	符合		99	98	101	95	91	95	78			
6	120306	吉祥		101	94	99	90	87	95	93			
7	120206	李北大		100.5	103	104	88	89	78	90			
8	120302	李娜娜		78	95	94	82	90	93	84			
9	120204	刘康锋		95.5	92	96	84	95	91	92			
10	120201	刘鹏举		93.5	107	96	100	93	92	93			
11	120304	倪冬声		95	97	102	93	95	92	88			
12	120103	齐飞扬		95	85	99	98	92	92	88			
13	120105	苏解放		88	98	101	89	73	95	91			
14	120202	孙玉敏		86	107	89	88	92	88	89			
15	120205	王清华		103.5	105	105	93	93	90	86			
16	120102	谢如康		110	95	98	99	93	93	92			
17	120303	闫朝霞		84	100	97	87	78	89	93			
18	120101	曾令煊		97.5	106	108	98	99	99	96			
19	120106	张桂花		90	111	116	72	95	93	95			
20													

图4-31　"第一学期期末成绩"工作表

4.5.2　上机实践2

某公司拟对其产品季度销售情况进行统计。打开工作簿Excel.xlsx文件，按以下要求操作：

（1）分别在"一季度销售情况表""二季度销售情况表"工作表内，计算"一季度销售额（元）"列和"二季度销售额（元）"列内容，均为数值型，保留小数点后0位。

（2）在"产品销售汇总图表"内，计算"一二季度销售总量"和"一二季度销售总额"列内容，均为数值型，保留小数点后0位；在不改变原有数据顺序的情况下，按一二季度销售总额给出销售额排名。

（3）选择"产品销售汇总图表"内A1:E21单元格区域内容，建立数据透视表，行标签为产品型号，列标签为产品类别代码，计算一二季度销售总额，将表置于"产品销售汇总图表"工作表G1为起点的单元格区域内。

操作提示：工作簿Excel.xlsx文件中有4个工作表，内容如图4-32～图4-35所示。

	A	B	C	D	E	F
1	产品类别代码	产品型号	单价（元）			
2	A1	P-01	1654			
3	A1	P-02	786			
4	A1	P-03	4345			
5	A1	P-04	2143			
6	A1	P-05	849			
7	B3	T-01	619			
8	B3	T-02	598			
9	B3	T-03	928			
10	B3	T-04	769			
11	B3	T-05	178			
12	B3	T-06	1452			
13	B3	T-07	625			
14	B3	T-08	3786			
15	A2	U-01	914			
16	A2	U-02	1208			
17	A2	U-03	870			
18	A2	U-04	349			
19	A2	U-05	329			
20	A2	U-06	489			
21	A2	U-07	1282			
22						
23						
24						
25						

产品基本信息表　一季度销售情况表　二季度销售情况表　产品销售汇总图表

图 4-32　产品基本信息表

	A	B	C	D	E
1	产品类别代码	产品型号	一季度销售量	一季度销售额(元)	
2	A1	P-01	231		
3	A1	P-02	78		
4	A1	P-03	231		
5	A1	P-04	166		
6	A1	P-05	125		
7	B3	T-01	97		
8	B3	T-02	89		
9	B3	T-03	69		
10	B3	T-04	95		
11	B3	T-05	165		
12	B3	T-06	121		
13	B3	T-07	165		
14	B3	T-08	86		
15	A2	U-01	156		
16	A2	U-02	123		
17	A2	U-03	93		
18	A2	U-04	156		
19	A2	U-05	149		
20	A2	U-06	129		
21	A2	U-07	176		
22					
23					
24					
25					

产品基本信息表　一季度销售情况表　二季度销售情况表　产品销售汇总图表

图 4-33　一季度销售情况表

⊿	A	B	C	D	E	F
1	产品类别代码	产品型号	二季度销售量	二季度销售额（元）		
2	A1	P-01	156			
3	A1	P-02	93			
4	A1	P-03	221			
5	A1	P-04	198			
6	A1	P-05	134			
7	B3	T-01	119			
8	B3	T-02	115			
9	B3	T-03	78			
10	B3	T-04	129			
11	B3	T-05	145			
12	B3	T-06	89			
13	B3	T-07	176			
14	B3	T-08	109			
15	A2	U-01	211			
16	A2	U-02	134			
17	A2	U-03	99			
18	A2	U-04	165			
19	A2	U-05	201			
20	A2	U-06	131			
21	A2	U-07	186			
22						
23						
24						
25						

产品基本信息表　一季度销售情况表　二季度销售情况表　产品销售汇总图表

图 4-34　二季度销售情况表

⊿	A	B	C	D	E
1	产品类别代码	产品型号	一二季度销售总量	一二季度销售总额	销售额排名
2	A1	P-01			
3	A1	P-02			
4	A1	P-03			
5	A1	P-04			
6	A1	P-05			
7	B3	T-01			
8	B3	T-02			
9	B3	T-03			
10	B3	T-04			
11	B3	T-05			
12	B3	T-06			
13	B3	T-07			
14	B3	T-08			
15	A2	U-01			
16	A2	U-02			
17	A2	U-03			
18	A2	U-04			
19	A2	U-05			
20	A2	U-06			
21	A2	U-07			
22					
23					
24					
25					

产品基本信息表　一季度销售情况表　二季度销售情况表　产品销售汇总图表

图 4-35　产品销售汇总图表

第 5 章　演示文稿软件 PowerPoint 2010

PowerPoint 2010 是 Office 2010 组件中的演示文稿制作软件。演示文稿是由若干张幻灯片组成的,所以 PowerPoint 也叫幻灯片制作软件。演示文稿的文件扩展名为. pptx。在 PowerPoint 中,可以通过不同的方式播放幻灯片,实现生动活泼的信息展示效果。

5.1　PowerPoint 2010 窗口

在 Windows 7 环境下,执行"开始"→"所有程序"→Microsoft Office→Microsoft Office PowerPoint 2010 命令,可以打开 PowerPoint 2010 应用程序窗口,默认打开只有一张空白幻灯片的演示文稿。也可以在 PowerPoint 窗口的"文件"面板中选择"新建"→"空白演示文稿"命令来建立演示文稿。

PowerPoint 2010 窗口具有与 Word 2010 相似的标题栏、快速访问工具栏、功能区,它与 Word 的主要区别在于文稿编辑区、视图切换按钮,文稿编辑区放置若干占位符供用户输入信息。PowerPoint 2010 窗口如图 5-1 所示。

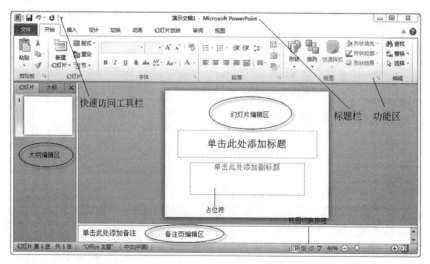

图 5-1　PowerPoint 2010 窗口

1. 文稿编辑区

文稿编辑区包括 3 部分,即幻灯片编辑区、大纲编辑区和备注页编辑区,它们是对文稿进行创作和编排的区域。

- 幻灯片编辑区。用于输入幻灯片内容、插入图片和表格以及进行格式设置。
- 大纲编辑区。显示演示文稿中的标题和正文。
- 备注页编辑区。可以为演示文稿创建备注页,用于写入幻灯片中没有列出的内容,并可以在演示文稿放映过程中进行查看。

2. 视图切换按钮

视图切换按钮允许用户在不同视图中显示幻灯片。视图切换按钮 ▦ ▦ ▦ 📺 从左至右依次为普通视图、幻灯片浏览视图、阅读视图和幻灯片放映视图。

- 普通视图。是默认的视图模式,集大纲、幻灯片、备注页 3 种模式为一体,使用户既能全面考虑演示文稿的结构,又能方便地编辑幻灯片的细节。
- 幻灯片浏览视图。可在屏幕上同时看到演示文稿中的所有幻灯片,适合插入幻灯片、删除幻灯片、移动幻灯片位置等操作。
- 阅读视图。适合于方便地在屏幕上阅读文档,不显示"文件"按钮、功能区等窗口元素。
- 幻灯片放映。从当前位置放映幻灯片,和执行"幻灯片放映"→"开始放映幻灯片"→"从当前幻灯片开始"命令的功能是相同的。

在大纲编辑区的上部,还有两个用于视图切换的选项卡,分别是"幻灯片"和"大纲"。

5.2　创建和编辑演示文稿

5.2.1　创建演示文稿

在 PowerPoint 2010 窗口执行"文件"→"新建"命令,可看到 PowerPoint 2010 提供的 6 种建立新演示文稿的方法,如图 5-2 所示,分别为"空白演示文稿""最近打开的模板""样本模板""主题""我的模板"以及"根据现有内容新建"。常用的方法包括新建空白演示文稿、使用样本模板创建演示文稿、根据主题创建演示文稿以及根据现有内容新建演示文稿。

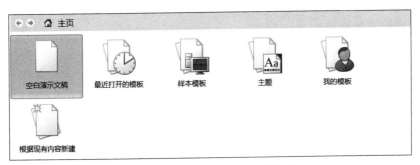

图 5-2　新建演示文稿的 6 个选项

1. 新建空白演示文稿

以这种方式新建的演示文稿不含任何文本格式图案和色彩,适用于准备自己设计图案、配色方案和文本格式的情况。

2. 使用样本模板创建演示文稿

PowerPoint 2010 具有丰富的模板功能,利用其提供的样本模板,填入相应的文字即可快速形成演示文稿。PowerPoint 2010 还提供了网上搜索模板的功能。

3. 主题创建演示文稿

根据内容提示向导创建幻灯片是一种方便快捷地建立演示文稿的方法。内容提示向导包含各种不同的主题,并且带有建议性内容和设计,用户对各个幻灯片内容稍加修改就可以作为适合自己的演示文稿。

4. 根据现有内容新建演示文稿

对已经存在的演示文稿稍加改动即可生成新的演示文稿,新生成的文稿一般和原来的演示文稿风格基本一致。

PowerPoint 演示文稿的保存、打开和关闭操作与 Word、Excel 的文档操作方法相同。

5.2.2　编辑演示文稿

PowerPoint 的文档编辑方法与 Word 的文档编辑方法基本相同,可以方便地输入和编辑文本、插入图片和表格等。插入、删除、移动、复制幻灯片以及文本编辑是编辑演示文稿的基本操作。

1. 插入新幻灯片

在各种幻灯片视图中都可以方便地插入幻灯片,下面是一种常用的方法:

(1) 在"开始"面板中,执行"幻灯片"→"新建幻灯片"命令,在弹出的下拉菜单中将出现各类幻灯片版式。

(2) 单击"Office 主题"窗口中的某个幻灯片版式,就可以按所选的版式在当前幻灯片后插入新幻灯片,如图 5-3 所示。

2. 删除幻灯片

在各种幻灯片视图中都可以方便地删除幻灯片。例如,在幻灯片浏览视图中,右击要删除的幻灯片,选择快捷菜单中的"删除幻灯片"命令,即可将当前幻灯片删除。

3. 移动和复制幻灯片

在幻灯片大纲编辑区或浏览视图中移动和复制幻灯片较为方便。使用"剪贴板"组中的命令的方法如下:选中待移动的幻灯片,在"开始"面板中,执行"剪贴板"→"剪切"命令;确定目标位置后,再执行"剪贴板"→"粘贴"命令,可将幻灯片移动到新位置。

如果将"剪切"命令换为"复制"命令,则可执行复制操作。

单击选中并拖曳幻灯片到指定位置,也可实现幻灯片的移动。

4. 文本编辑

文本编辑一般在普通视图下,在幻灯片编辑区进行。其编辑排版方式与 Word 基本

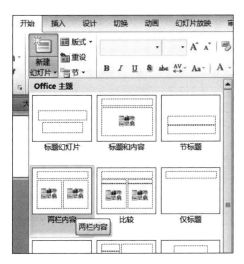

图 5-3　插入新幻灯片设置

相同。需要注意的是,在幻灯片中输入文字时,应当在占位符(文本框)中输入,如果没有占位符,需要提前插入文本框充当占位符。

图片和表格的插入方式和 Word 操作相同。

5.3　格式化演示文稿

在输入幻灯片内容之后,可以从文字格式、段落格式、幻灯片版式等方面格式化演示文稿,最后制作完成精美的幻灯片。

5.3.1　格式化文字和段落

1. 设置文字格式

文字格式主要包括字体、字号和文字颜色等内容。设置文字格式可以通过"开始"面板"字体"组中的按钮来进行,也可以通过单击"字体"组右下角的对话框按钮来实现。操作步骤如下:

(1)选定要设置格式的文本。

(2)在"开始"面板中,单击"字体"组右下角的对话框按钮(或右击文本,在快捷菜单中选择"字体"命令),将出现"字体"对话框,如图5-4所示,在该对话框中可设置字体、字号、效果及字符间距等。

(3)如果需要设置文本颜色,单击"字体颜色"右侧的下拉按钮,在颜色选择器中选择合适的颜色。最后,单击"确定"按钮完成。

2. 设置段落格式

段落格式的内容包括段落的对齐方式、行间距及项目符号与编号。在 PowerPoint 2010 中,可以使用"段落"组中的命令按钮完成上述功能,也可通过"段落"对话框完成。

图 5-4　"字体"对话框

1) 通过"段落"组中的命令按钮设置段落格式

（1）设置文本段落的对齐方式。

先选择文本框或文本框中的某段文字，选择"开始"面板"段落"组中的对齐按钮 ，这 5 个按钮依次是左对齐按钮、居中对齐按钮、右对齐按钮、两端对齐按钮和分散对齐按钮。

（2）行距和段落间距的设置。

选择"开始"面板"段落"组中的行距按钮，对选定的文字或段落设置行距或段前、段后的间距。

- 项目符号和编号的设置。

默认情况下，单击"开始"面板"段落"组中的项目符号按钮和编号按钮实现项目符号和编号的设置。

2) 通过"段落"对话框设置段落格式

（1）选定要设置格式的文本段落，在"开始"面板中，单击"段落"组右下角的对话框按钮，或右击所选段落，在快捷菜单中选择"段落"命令，出现"段落"对话框，如图 5-5 所示。

（2）在"段落"对话框中，可完成对选定段落的对齐方式、缩进、间距等的设置。

5.3.2　更改幻灯片版式

幻灯片版式指的是幻灯片的页面布局。PowerPoint 2010 提供了多种版式供用户选择，当然也允许用户自定义版式。如果对现有的幻灯片版式进行更改，可按下列步骤操作：

（1）选定要更改版式的幻灯片。

（2）在"开始"面板中执行"幻灯片"→"版式"命令，或右击幻灯片，在快捷菜单中选择"版式"命令，打开"Office 主题"窗格。

（3）在"Office 主题"窗格中，单击选择一种版式，然后适当对标题、文本和图片的位置及大小做适当调整。

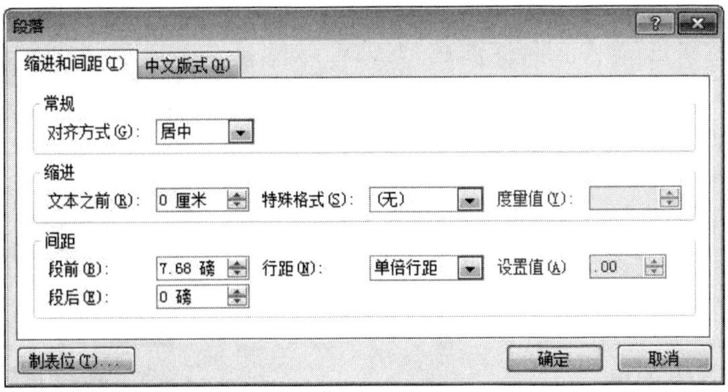

图 5-5　"段落"对话框

5.3.3　更改幻灯片背景颜色

为了使幻灯片更美观,可适当更改幻灯片的背景颜色。更改幻灯片背景颜色的操作步骤如下:

(1) 在普通视图下,选定要更改背景颜色的幻灯片。

(2) 在"设计"面板中,单击"背景"组右下角的对话框按钮,打开"设置背景格式"对话框,如图 5-6 所示,可实现对背景的纯色填充、渐变填充、图片或纹理填充、图案填充,也可以隐藏背景图形。

图 5-6　"设置背景格式"对话框

（3）以设置纯色填充为例，选择"纯色填充"单选按钮，在"填充颜色"下单击 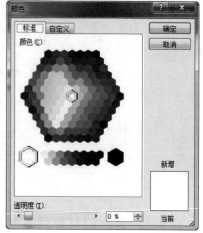 按钮，再执行"其他颜色"命令，打开"颜色"对话框，如图 5-7 所示。

（4）在"颜色"对话框中，选择一种颜色，然后单击"确定"按钮。

（5）返回"设置背景格式"对话框，单击"关闭"按钮。如果单击"全部应用"按钮，设置的背景将应用到全部幻灯片上。

5.3.4 设置主题

1. 套用内置主题

PowerPoint 2010 提供了很多已设置好的主题方案供选择，使用户可以方便快速地创作出效果精美的演示文稿。快速套用内置主题的主要步骤如下：

图 5-7 "颜色"对话框

（1）在"设计"选项卡下，单击主题列表右下角的折叠按钮，如图 5-8 所示，展开所有可用主题样式。

图 5-8 "设计"选项卡

（2）在展开的主题窗格中，单击要套用的主题，如图 5-9 所示。

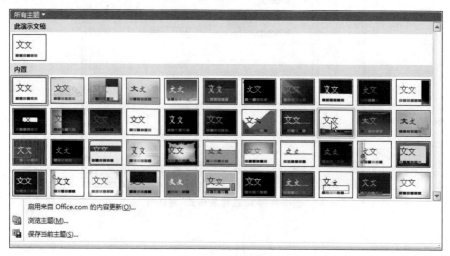

图 5-9 主题窗格

2．设置主题颜色

可通过选择 PowerPoint 2010 提供的一组预置颜色方案，对已设置的主题背景等颜色搭配方案进行修改，也可通过新建主题颜色实现自定义主题颜色搭配设置，如图 5-10 所示。

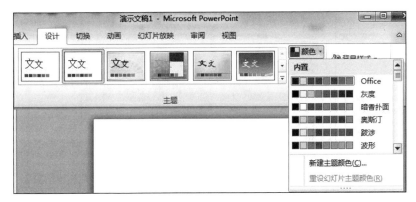

图 5-10　主题颜色设置

3．设置主题字体

与设置主题颜色相似，可通过"设计"面板中的"主题"→"字体"命令对主题原来的字体重新选择和自定义设置。

5.4　设置幻灯片效果

5.4.1　设置幻灯片动画效果

1．添加动画

在"动画"面板中，使用"高级动画"组中的"添加动画"按钮，或单击"动画"组中的动画样式列表右下角的下拉按钮，如图 5-11 所示，即可打开动画样式窗格。

图 5-11　"动画"选项卡

动画样式窗格如图 5-12 所示，可以选择添加进入、强调、退出和动作路径等动画效果。

除了可以设置幻灯片动画效果之外，还可以设置动画开始时间、动画速度、延迟时间等。下面通过一个例子简要说明设置方法。

例如，实现幻灯片中文本框的动画效果为"进入"中的"飞入"，方向为"自右下部"，动

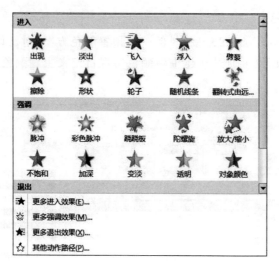

图 5-12　动画样式窗格

画文本"按字母发送",速度为"慢速",单击幻灯片时开始播放动画。

（1）单击选中要设置动画的文本框,在"动画"面板的"动画"组中,单击选择"飞入"动画效果。

（2）单击"动画"面板中的"效果选项"按钮,在效果选项列表中选择"自右下部"。

（3）单击"动画"面板"动画"组右下角的对话框按钮,打开"飞入"对话框,在"效果"选择卡中设置动画文本"按字母"方式发送,在"计时"选项卡中设置"期间"为"慢速（3 秒）",如图 5-13 所示。

图 5-13　"飞入"对话框

（4）单击"动画"面板中的"预览"按钮,可以预览当前幻灯片的动画效果。

2. 修改动画顺序

默认情况下,幻灯片中动画的播放顺序就是用户添加动画的顺序。可通过"动画"面板"高级动画"组中的动画窗格改变动画顺序,如图 5-14 所示,操作步骤如下：

图 5-14　动画窗格

（1）选定需改变动画顺序的幻灯片，执行"动画"→"高级动画"→"动画窗格"命令，打开动画窗格。

（2）动画窗格中列出了选定幻灯片包含的动画。选定需要改变顺序的动画，单击动画窗格下方"重新排序"两侧的箭头按钮，可实现对选定动画播放顺序的向前、向后调整。

5.4.2　设置幻灯片切换效果

幻灯片切换效果是指在演示文稿放映过程中由一个幻灯片切换到另一个幻灯片的方式。

在"切换"面板的"切换到此幻灯片"组中，单击切换样式列表右下角的下拉按钮，打开幻灯片切换效果窗格，在该窗格中可以设置幻灯片切换的各种效果，如图 5-15 所示。

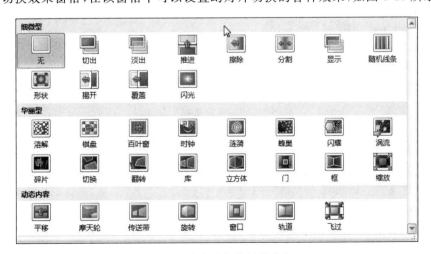

图 5-15　幻灯片切换效果窗格

选择幻灯片切换效果后，在"切换"面板中，继续修改幻灯片的切换效果和换片方式。"计时"组中包括"速度"和"换片方式"等，用来设置各个幻灯片之间的切换效果。"换片方式"是指播放幻灯片的方式。例如,为了控制演讲的时间,可设置以固定间隔时间播放各个幻灯片。

单击"全部应用"按钮,表示将设置的幻灯片切换效果应用于本演示文稿文件的所有幻灯片;默认情况下,设置的幻灯片切换效果仅影响当前幻灯片,对其他幻灯片无效。

5.5 插入超链接和多媒体对象

5.5.1 插入超链接

在演示文稿中可以插入超链接,以便快速跳转到某个对象,跳转的对象可以是一个幻灯片、另一个演示文稿或 Internet 地址等。超链接的起点一般是文本或图片,也可以使用动作按钮。

1. 插入超链接

(1) 在幻灯片中选中要插入超链接的对象,如文本或图片。

(2) 在"插入"面板中,单击"链接"组中的"超链接"按钮,出现"插入超链接"对话框,如图 5-16 所示。该对话框左侧有 4 个按钮。

图 5-16 "插入超链接"对话框

- 现有文件或网页。链接到其他文档、应用程序或其他网址。
- 本文档中的位置。链接到本文档的其他幻灯片。
- 新建文档。链接到一个新文档中。
- 电子邮件地址。链接到一个电子邮件地址。

(3) 选择链接目标或输入链接地址后,单击"确定"按钮,完成超链接插入操作。

2. 使用动作按钮

使用动作按钮插入超链接的操作步骤如下:

(1) 在"插入"面板中,单击"链接"组中的"动作"按钮,并弹出"动作设置"对话框,如图 5-17 所示。

图 5-17 "动作设置"对话框

（2）选中"单击鼠标"选项卡，选择"超链接到"单选按钮，并在下面的列表中选择"幻灯片"选项，根据需要设置链接的幻灯片。

（3）单击"确定"按钮，完成设置。

超链接的编辑和删除方法与插入超链接的方法类似，也是在"插入"面板中执行"链接"→"超链接"命令，在出现的"插入超链接"对话框中完成设置。

5.5.2 插入多媒体对象

为改善幻灯片在播放时的视听效果，可以在幻灯片中加入多媒体对象。插入剪贴画和图像对象的操作与 Word 中插入对象的操作类似，下面介绍如何在幻灯片中插入声音文件、影片文件和 Flash 动画文件。

1. 插入声音文件

在幻灯片中插入声音文件的操作步骤如下：

（1）在普通视图方式下，选定要插入声音文件的幻灯片。

（2）执行"插入"→"媒体"→"音频"命令，打开"插入音频"对话框。该对话框和 Word 中的"插入文件"对话框的操作类似。

（3）在"插入音频"对话框中找到并选中要插入的声音文件，单击"插入"按钮，将音频文件插入到文档中。插入完成后，可以在图 5-18 所示的"音频工具"面板的"播放"组中设置自动播放或单击鼠标时播放。

图 5-18 设置播放开始时间

（4）设置完成后，幻灯片中出现声音图标🔊，播放幻灯片时可实现声音的播放效果。

2．插入影片文件

在幻灯片中插入影片文件的操作步骤如下：

（1）在普通视图方式下，选定要插入影片（视频）的幻灯片。

（2）执行"插入"→"媒体"→"视频"命令，打开"插入视频文件"对话框。

（3）在"插入视频文件"对话框中选择要插入的影片文件，单击"确定"按钮。

（4）在"视频工具"选项卡的"播放"组中，选择播放影片的方式后，用户选定的影片文件就插入到当前幻灯片中，并在幻灯片中出现影片的片头图像。用户可根据需要选择自动播放或单击鼠标时播放。

单击选择幻灯片中的影片片头图像后，可以拖动图像控点调整影片的大小。

3．插入 Flash 动画文件

部分在 PowerPoint 中难以实现的演示效果可以使用 Flash 动画实现，然后导出 swf 格式的 Flash 动画，再插入到幻灯片中，以实现更好的演示效果。插入 Flash 动画文件的操作步骤如下：

（1）在普通视图方式下，选定要插入 Flash 动画的幻灯片。

（2）执行"文件"→"选项"→"自定义功能区"命令，选择右边的开发工具，使"开发工具"面板出现在功能区中。

（3）在"开发工具"面板中，单击"控件"组中的其他控件按钮，弹出"其他控件"对话框，选中 Shockwave Flash Object 选项，如图 5-19 所示。

图 5-19　在"其他控件"对话框中选择 Shockwave Flash Object 控件

（4）在幻灯片中拖动鼠标绘制一个矩形，右击该矩形，在弹出的快捷菜单中选择"属性"命令，弹出 Flash 对象的"属性"窗格，设置其 Movie 属性为步骤（1）中选择的 Flash 文件，如图 5-20 所示。在幻灯片播放时将自动播放该 Flash 影片文件。

图 5-20　设置 Flash 控件的 Movie 属性

5.6　放映与打印幻灯片

5.6.1　放映设置

幻灯片设计完成后,可根据需要设置放映类型、放映选项、放映长度、换片方式等。例如,设置演示文稿的放映类型为"在展台浏览",并在放映时应用排练时间,操作步骤如下:

(1) 在"幻灯片放映"面板的"设置"组中单击"排练计时"按钮,排练演示文稿的播放方式并计时,排练结束时保存排练时间,如图 5-21 和图 5-22 所示。

图 5-21　排练计时

图 5-22　保存排练时间

(2) 单击"设置幻灯片放映"按钮,在"设置放映方式"对话框中设置放映类型为"在展台浏览(全屏幕)",选择换片方式为"如果存在排练时间,则使用它",如图 5-23 所示,单击"确定"按钮。

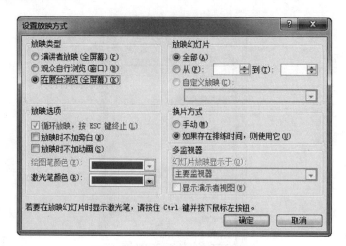

图 5-23 "设置放映方式"对话框

（3）放映幻灯片，幻灯片将按照排练的时间自动播放。

5.6.2　放映幻灯片

在 PowerPoint 中放映幻灯片时，可以在幻灯片的各种视图中选定要开始演示的第一张幻灯片，单击演示文稿窗口右下角的"幻灯片放映"按钮 ，或执行"幻灯片放映"面板"开始放映幻灯片"组中的命令，如图 5-24 所示。

图 5-24　放映幻灯片

如果设置的是手动换片，则按 PageDown 键或单击演示下一页，按 PageUp 键显示前一页。幻灯片放映完毕或按 Esc 键回到原来的编辑状态。

放映过程中，单击播放屏幕左下角的播放控制图标 ，或右击演示区域的任何地方，在快捷菜单中选择对应的命令，可进行幻灯片定位、翻页，并且可以随时执行"结束放映"命令退出放映状态。

5.6.3　墨迹标记

放映幻灯片时，可以使用鼠标在幻灯片上画图或写字，以对幻灯片内容作进一步讲解或强调。在幻灯片播放状态下，右击演示区域，在弹出的快捷菜单中选择"指针选项"→"墨迹颜色"命令，选择墨迹颜色后，鼠标光标变成圆点状，即可进行绘制，如图 5-25 所示。若需清除墨迹，可使用快捷菜单中的"橡皮擦"或"擦除幻灯片上的所有墨迹"命令实现。

PowerPoint 2010 提供了将播放时的墨迹保存到幻灯片中的功能。在退出放映时，可根据需要进行选择，如图 5-26 所示。

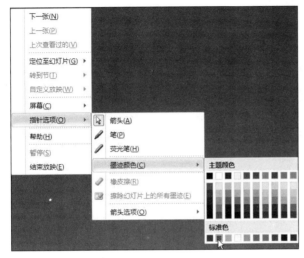

图 5-25　设置墨迹颜色　　　　　　　　图 5-26　保存墨迹

5.6.4　打印幻灯片

幻灯片设计制作完成后，可将其打印出来。打印设置与 Word 类似，在"文件"选项卡中选择"打印"选项，在打印页面中可设置所有打印属性，如图 5-27 所示。例如，可以设置打印范围（默认为打印全部幻灯片）、每页打印幻灯片张数、页眉和页脚等。

图 5-27　打印页面

5.7　上　机　实　践

5.7.1　上机实践 1

文慧是某学校的人力资源培训讲师，负责对新入职的教师进行入职培训，其 PowerPoint 演示文稿的制作水平广受好评。最近，她应北京节水展主办方的邀请，为展馆制作一份宣传水知识及节水工作重要性的演示文稿。

展馆提供的文字资料及素材参见"水资源利用与节水（素材）.docx"。制作要求如下：

（1）标题页包含演示主题、制作单位（北京节水展馆）和日期（××××年×月×日）。

（2）演示文稿需指定一个主题，幻灯片不少于 5 页，且版式不少于 3 种。

（3）演示文稿中除文字外要有 2 张以上的图片，并有 2 个以上的超链接进行幻灯片之间的跳转。

（4）动画效果要丰富，幻灯片切换效果要多样。

（5）演示文稿播放的全程需要有背景音乐。

（6）将制作完成的演示文稿以"水资源利用与节水.pptx"为文件名保存。

操作提示："水资源利用与节水（素材）.docx"文件内容如下。

一、水的知识

1．水资源概述

目前世界水资源达到 13.8 亿立方千米，但人类生活所需的淡水资源却只占 2.53%，约为 0.35 亿立方千米。我国水资源总量位居世界第六，但人均水资源占有量仅为 2200 立方米，为世界人均水资源占有量的 1/4。

北京属于重度缺水地区。全市人均水资源占有量不足 300 立方米，仅为全国人均水资源量的 1/8，世界人均水资源量的 1/30。

北京水资源主要靠天然降水和永定河、潮白河上游来水。

2．水的特性

水是氢氧化合物，其分子式为 H_2O。

水的表面有张力，水有导电性，水可以形成虹吸现象。

3．自来水的由来

自来水不是"自来"的，它是经过一系列水处理净化过程生产出来的。

二、水的应用

1．日常生活用水

做饭，饮用，洗衣，洗菜，洗浴，冲厕。

2．水的利用

水冷空调，水与减震，音乐水雾，水力发电，雨水利用，再生水利用。

3．海水淡化

海水淡化技术主要有蒸馏、电渗析、反渗透。

三、节水工作

1．节水技术标准

北京市目前实施了五大类 68 项节水相关技术标准。其中包括用水器具、设备、产品标准，水质标准，工业用水标准，建筑给水排水标准，灌溉用水标准等。

2．节水器具

使用节水器具是节水工作的重要环节，生活中的节水器具主要包括水龙头、便器及配套系统、沐浴器、冲洗阀等。

3．北京 5 种节水模式

北京 5 种节水模式分别是管理型节水模式、工程型节水模式、科技型节水模式、公众参与型节水模式、循环利用型节水模式。

5.7.2 上机实践 2

文强是一名环境保护志愿者。爱好旅游的他从贺兰山回来之后，想制作一个荒漠化防治的 PowerPoint 演示文稿，呼吁人们保护自然环境。

荒漠化防治的文字资料及素材请参考"荒漠化的防治.docx"，制作要求如下：

（1）标题页包含演示主题。

（2）演示文稿需指定一个美观的主题，幻灯片不少于 6 页，且版式不少于 3 种。

（3）演示文稿中除文字外要有 1 张以上的图片，并有 3 个以上的超链接进行幻灯片之间的跳转。

（4）动画效果不低于 2 种，幻灯片切换效果不少于 3 种。

（5）素材中有一处适合做成表格，请选择合适的表格样式。

（6）将制作完成的演示文稿以"荒漠化的防治.pptx"为文件名保存。

操作提示："荒漠化的防治.docx"文件内容如下。

一、荒漠化概念

1．概念

包括气候变异和人类活动在内的干旱、半干旱、半湿润地区的土地严重退化。

2．表现

耕地退化、草地退化、林地退化而引起的土地沙漠化、石质荒漠化和次生盐渍化。

3．影响

荒漠化已成为当今全球最为严重的生态环境问题之一。中国是全球荒漠化面积大、分布广、危害严重的国家之一，其中，西北地区则是我国风沙危害和荒漠化问题最为突出的地区。

受风蚀、水蚀、盐碱化、冻融等因素影响，荒漠化在我国干旱的沙漠边缘和绿洲、半干旱和半湿润地区、黄淮海平原、南方湿润地区和青藏高原等地都有分布。其中，以西北地区土地荒漠化发展最为严重。

二、荒漠化的自然原因

荒漠化的自然原因如下：

- 干旱（基本条件）。
- 地表物质松散（物质基础）。
- 风力强劲（动力因素）。

干旱、松散、强风的环境特征下，物理风化和风力成为塑造地貌的主要外力，长期的外力风化、侵蚀、搬运，形成了今日西北地区广袤的荒漠。

气候异常是导致荒漠化的主要自然因素。

三、荒漠化的人为因素

1. 形成荒漠化的人为原因

形成荒漠化的人为原因是人口激增对生态环境的压力。

由于人类活动不当，对土地资源、水资源的过度使用和不合理利用。

2. 荒漠化的人为因素的主要表现

荒漠化的人为因素主要表现在以下几个方面：

人为因素	典型地区	主要危害
过度采伐	能源缺乏地区	固沙（防止风沙前移和抑制地表起沙）的植被遭破坏
过度放牧	半干旱的草原牧区，干旱的绿洲边缘	加速了草原退化和沙化的进程
过度开垦	农垦区周围及荒漠绿洲	使土壤风蚀沙化及次生盐渍化

四、荒漠化防治的对策和措施

1. 荒漠化防治的内容

一是预防潜在的荒漠化的威胁。

二是扭转正在发展中的荒漠化土地的退化。

三是恢复荒漠化土地的生产力。

2. 荒漠化防治的原则

坚持维护生态平衡与提高经济效益相结合，治山、治水、治碱、治沙相结合的原则。

3. 措施

在现有的经济、技术条件下，以防为主，保护并有计划地恢复荒漠植被，重点治理已遭沙丘入侵、风沙危害严重的地段，因地制宜地进行综合整治。

防治的具体措施：

(1) 合理利用水资源。

农作区：改善耕作和灌溉技术，推广节水农业，避免土壤的盐碱化。

牧区草原：减少水井的数量，以免牲畜的大量无序增长。

干旱的内陆地区：合理分配河流上、中、下游的水资源。

（2）利用生物措施和工程措施构筑防护体系。

绿洲外围的沙漠边缘地带封沙育草，积极保护、恢复和发展天然灌草植被；绿洲前沿营造乔、灌木结合的防护林带；绿洲内部建立农田防护林网。组成一个多层防护体系。

（3）调节农、林、牧用地之间的关系。

作好农、林、牧用地规划，宜林则林、宜牧则牧，杜绝毁林开荒、盲目开垦，退耕还林，退耕还牧。

（4）采取综合措施，多途径解决农牧区的能源问题。

通过营造薪炭林、兴建沼气池、推广省柴灶等多种途径，解决农牧区的能源问题，避免过度采伐，破坏植被。

（5）控制人口增长。

控制人口增长速度，提高人口素质，建立一个人口、资源、环境协调发展的生态系统。

第6章　计算机网络配置与应用

6.1　局域网的配置与资源共享

6.1.1　共享文件夹

要实现文件的共享,首先需要设置文件所在的文件夹共享,然后再通过"网络"图标打开共享的文件,操作过程如下:

1. 设置文件夹的共享

(1) 打开"计算机"窗口,选中要设置为共享的文件夹,然后右击,在弹出的快捷菜单中选择"共享"下的"特定用户"命令,如图 6-1 所示。

图 6-1　在"计算机"窗口中设置共享文件夹

（2）在打开的"文件共享"对话框中单击下拉列表框，选择 Everyone 选项，单击"添加"按钮，如图 6-2 所示。

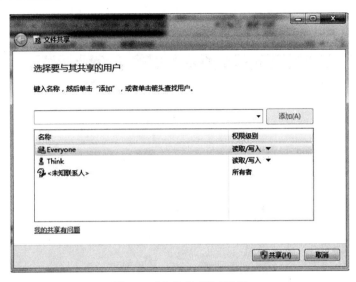

图 6-2 "文件共享"对话框

（3）如果还需要设置共享该文件夹的权限，可再单击 Everyone 右侧的"权限级别"列的下三角按钮，通过选取"读取""读/写"和"删除"来设定权限，如图 6-3 所示。

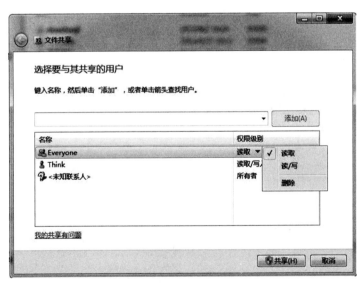

图 6-3 设定权限级别

（4）单击"共享"按钮，完成对共享文件夹的权限设定，再单击"完成"按钮，完成共享文件夹的设定。

2. 使用共享的文件夹

首先在桌面上显示"网络"图标。在桌面空白位置处右击，选择"个性化"→"更改桌面图标"命令,在"桌面图标设置"对话框中,选中"网络"复选框,单击"确定"按钮,即可在桌面上显示"网络"图标。

(1)双击桌面上的"网络"图标,打开"网络"窗口,显示联网的计算机名称,如图 6-4 所示。双击含共享驱动器或文件夹的计算机,显示出共享的驱动器或文件夹。

图 6-4　"网络"窗口

(2)双击该窗口下的某一共享文件夹,如"精品课程",即可看到该共享文件夹下的所有共享文件,如图 6-5 所示。这时就可以访问该共享文件夹下的所有文件了。

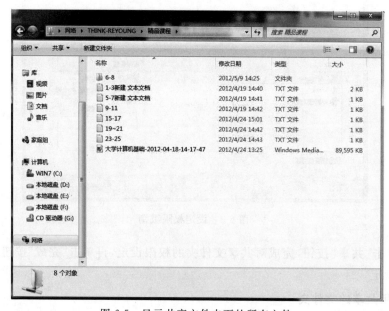

图 6-5　显示共享文件夹下的所有文件

6.1.2　共享打印机

要共享打印机,首先要将该打印机设置成共享,然后在本地计算机上为共享打印机安装驱动程序,以实现网上共享打印机。操作过程如下。

1. 打印机共享的设置

共享打印机的步骤如下:

(1)打开局域网中连接打印机的计算机和打印机电源。

(2)选择"开始"→"设备和打印机"命令,打开"设备和打印机"窗口。右击打印机图标,弹出快捷菜单,如图6-6所示。

图6-6　"设备和打印机"窗口

(3)在快捷菜单中选择"打印机属性"命令,此时弹出打印机属性对话框,选择"共享"选项卡,选中"共享这台打印机"复选框,然后在"共享名"文本框中输入共享的打印机名称,如图6-7所示。

(4)单击"确定"按钮,完成将该打印机设置成网上共享的操作。

2. 为本地计算机安装共享打印机的驱动程序

为本地计算机安装共享打印机的驱动程序的步骤如下:

(1)打开本地计算机的"设备和打印机"窗口,然后单击"添加打印机"标签,弹出"添加打印机"对话框。在该对话框中,选择"添加网络、无线或 Bluetooth 打印机"选项,如

图 6-8 所示。

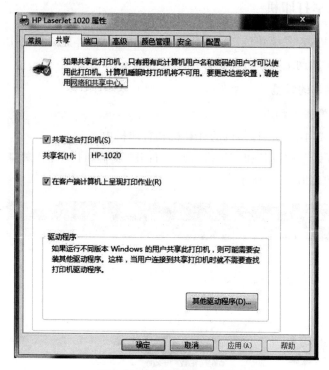

图 6-7　打印机属性对话框

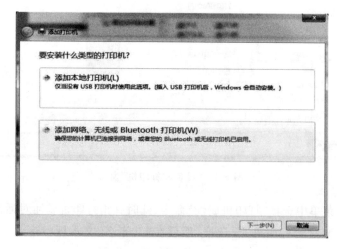

图 6-8　"添加打印机"对话框

（2）在对话框中列出搜索到的可用打印机列表，如图 6-9 所示。若共享的打印机不在列表中，则单击"我需要的打印机不在列表中"，会出现如图 6-10 所示的界面。

（3）选择"按名称选择共享打印机"单选按钮，输入共享的打印机名称，单击"下一步"按钮，弹出成功添加打印机界面，如图 6-11 所示。

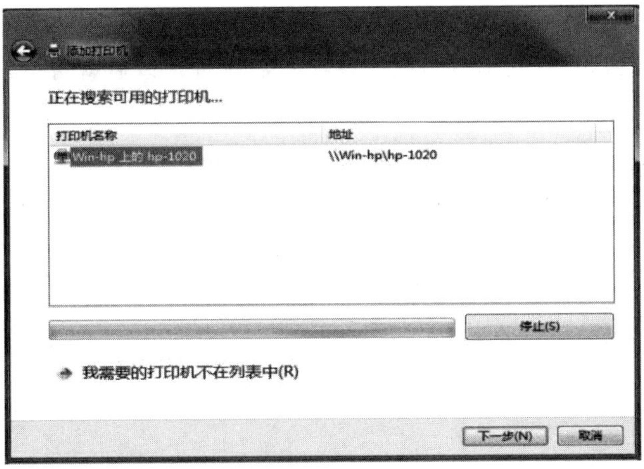

图 6-9　搜索到的可用打印机列表

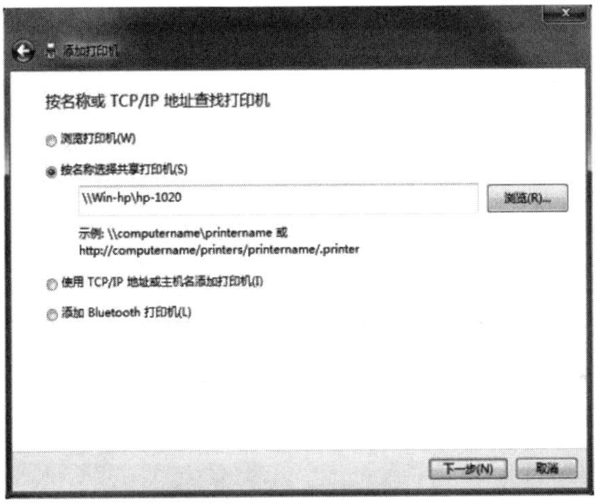

图 6-10　指定打印机界面

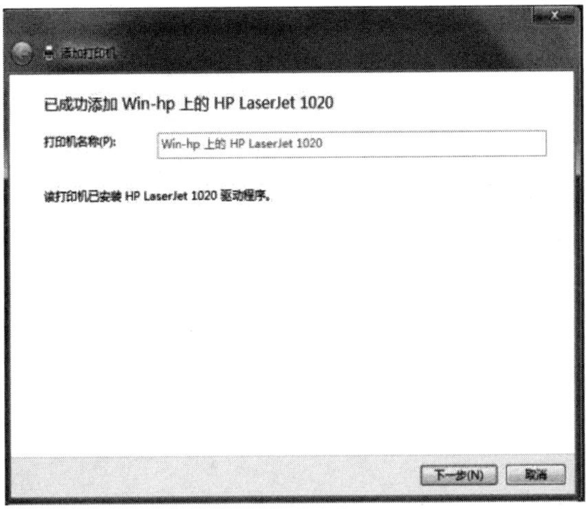

图 6-11　成功添加打印机界面

（4）单击"下一步"按钮,弹出将添加的打印机设置为默认打印机界面,如图 6-12 所示。单击"完成"按钮,完成共享打印机的各项参数设置。以后就可以在本地计算机上顺利完成各种打印操作了。

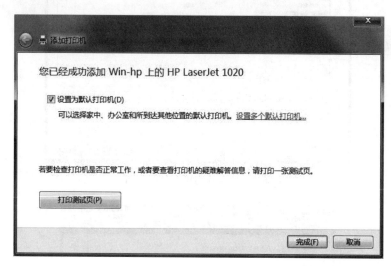

图 6-12　将添加的打印机设置为默认打印机界面

6.1.3　TCP/IP 的属性设置操作

通过局域网接入 Internet 时需要进行 TCP/IP 的属性设置,操作过程如下：

（1）在 Windows 桌面上右击"网络"图标,在弹出的快捷菜单中选择"属性"命令,打开如图 6-13 所示的"网络和共享中心"窗口。

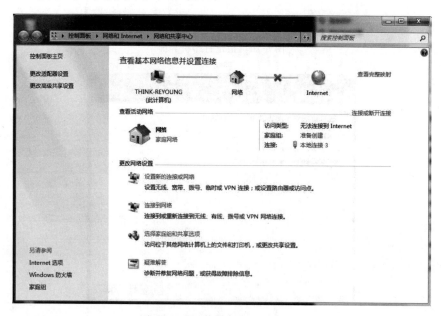

图 6-13　"网络和共享中心"窗口

（2）右击"本地连接 3"，在弹出的快捷菜单中选择"属性"命令，弹出"本地连接 3 属性"对话框，如图 6-14 所示。

图 6-14　"本地连接 3 属性"对话框

（3）选择"Internet 协议版本 4（TCP/IPv4）"选项，然后单击"属性"按钮，弹出"Internet 协议版本 4（TCP/IPv4）属性"对话框，如图 6-15 所示。

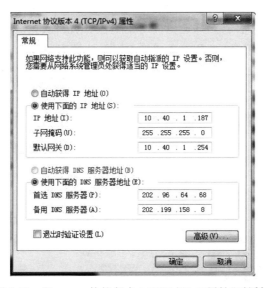

图 6-15　"Internet 协议版本 4(TCP/IPv4)属性"对话框

（4）如果为用户的计算机配置确定的 IP 地址，就应选中"使用下面的 IP 地址"单选按钮，并分别在"IP 地址""子网掩码""默认网关"及 DNS 服务器地址处输入相关信息，如图 6-15 所示。

（5）单击"确定"按钮，完成 TCP/IP 属性设置操作。

这里需要说明的是,IP 地址的获得方式有两种：一种是自动获得 IP 地址；另一种是指定 IP 地址。如果局域网上有专门的网络服务器,而且该服务器负责 IP 地址的分配,则选择"自动获得 IP 地址"单选按钮。一般在家庭上网都应选择"自动获得 IP 地址"单选按钮。

目前网络协议有两个版本：IPv4 和 IPv6。如果使用 IPv6 版本,请于第(3)步选择"Internet 协议版本 6(TCP/IPv6)"选项进行相关设置,其余不变。

6.2　网页浏览及信息检索

6.2.1　IE 浏览器的使用

1. 在 Internet Explorer 浏览器中获取信息

在网络上浏览和获取信息,通常是通过浏览器来进行的。目前网络上流行的浏览器有很多种,比较著名的有 Internet Explorer(IE)、Google Chrome、Mozilla Firefox 和 Safari。国内也开发了一些浏览器,如 360 浏览器、腾讯 QQ 浏览器、世界之窗浏览器、手机版的 UC 浏览器等。不管使用何种浏览器,都要考虑该浏览器能否提供良好的上网体验,是否使用方便和运行安全。这里介绍的是 Internet Explorer 浏览器。

Internet Explorer(简称 IE)浏览器能够完成站点信息的浏览、搜索等功能。IE 具有使用方便、操作友好的用户界面,还具有多项人性化的特色功能。启动 IE 浏览器的方法有很多种,常用的是通过双击放置在桌面上的 IE 快捷图标启动。

双击 IE 浏览器图标进入计算机自设的网易主页,如图 6-16 所示。浏览器一般在主工作界面上存放一个网站的信息,还提供了菜单栏、地址栏、工具栏、快捷工具、导航栏和搜索栏等常用菜单或工具,协助用户提高使用网页的效率和质量。

图 6-16　网易主页

- 菜单栏：提供了文件、编辑、查看、收藏夹、工具等菜单。可以选择"工具"菜单中的"工具栏"→"菜单栏"命令，将其打开和关闭。
- 地址栏：供用户直接输入需访问的网站的网址。单击右端的下三角按钮，可以显示近期访问过的网站地址。
- 搜索栏：提供搜索信息的输入位置和搜索按钮，方便用户快速搜索。
- 导航栏：提供各门类信息的超链接，让用户更方便地找到需要的资源。
- 快捷工具：提供如兼容性视图、刷新和停止等操作工具。
- 工具栏：提供返回主页、阅读邮件、打印等按钮，还有页面、安全和工具等菜单。

选择"工具"菜单中的"Internet 选项"命令，打开"Internet 选项"对话框，如图 6-17 所示，有"常规""安全""隐私""内容""连接""程序"和"高级"7 个选项卡，可对浏览器的选项和浏览操作进行设置。例如，在"常规"选项卡中把当前的页面设置为默认主页（即启动浏览器后自动打开的网站页面）；在"浏览历史记录"选项区域中可以删除浏览历史记录，指定 IE 保存已访问网站列表的天数。

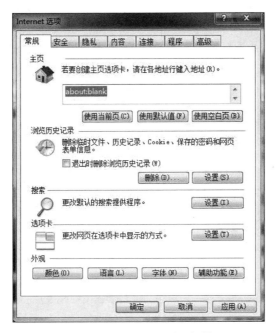

图 6-17　"Internet 选项"对话框

进入浏览器的主页面后，就可以阅读和搜索信息了。页面往往提供的是一段文字标题或门类按钮，单击相应的标题才能通过链接阅读到需要的信息。

要从当前页面进入其他网站，可以在 IE 的地址栏中直接输入网址，也可以通过页面中的超链接进入。当鼠标指针移到某段文字或图片上时，如果鼠标指针变成小手状，即说明该文字或图片有链接内容，单击后可以打开阅读。

在网页中阅读信息时，如需保存阅读的内容，可以用以下办法：

（1）执行"页面"→"另存为"命令，弹出"保存网页"对话框，输入文件名等信息，将该网页保存成文件。

（2）在网页中指向一幅图片并右击，在弹出的快捷菜单中选择"图片另存为"命令，将图片保存成文件。

（3）单击某个超链接，打开超链接的内容，选择"编辑"→"全选"命令，复制网页上的内容，再打开一个 Word 文档，将内容粘贴到 Word 文档中。

（4）执行"收藏夹"→"添加到收藏夹"命令，弹出"添加到收藏夹"对话框，输入网页的名称，然后单击"添加"按钮，将该网页添加到收藏夹中。

2. Internet Explorer 优化操作

1）设置 IE 主页

IE 主页是指在启动浏览器时默认显示的网页。主页可以设置为空白页，也可以设置为用户经常浏览的网页，这样，每次打开 IE 时就不需要再输入网址了。操作过程如下：

启动浏览器，选择"工具"→"Internet 选项"命令，打开"Internet 选项"对话框，在"主页"选项区域中的地址文本框中输入需要设置为主页的网址，如图 6-18 所示。

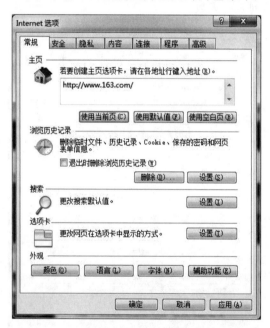

图 6-18　更改主页

在"主页"选项区域还有 3 个按钮：

- "使用当前页"按钮。把当前浏览的网页设置为主页，地址文本框中的网址将自动设置为当前正在浏览的网页地址。
- "使用默认页"按钮。即把微软公司的网址设置为主页，地址文本框中的网址自动设置为微软公司的网址。
- "使用空白页"按钮。把空白页设置为主页，地址文本框中没有网址，显示为about:blank。

2）删除浏览的历史记录

IE 访问网站时把要访问的网页先下载到 IE 缓冲区，经过一段时间后硬盘上会留下很多临时文件。若要删除这些文件,可以单击"Internet 选项"对话框的"常规"选项卡中的"浏览历史记录"选项区域的"删除"按钮,在弹出的"删除浏览的历史记录"对话框中选中"Internet 临时文件"、Cookie 和"历史记录"复选框,单击"删除"按钮进行清理,如图 6-19 所示。通过删除 Cookie,还可以防止隐私(如登录网站的用户名、密码等)泄露。

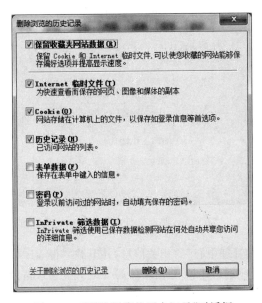

图 6-19 "删除浏览的历史记录"对话框

3)Internet 临时文件和历史记录设置

Internet 浏览器根据设置能将用户浏览网页的过程记录下来,例如用户使用 IE 浏览过的网站都会被记录在 IE 的历史记录中。如需要更改历史记录的设置,可以单击"Internet 选项"对话框中"常规"选项卡,单击"浏览历史记录"选项区域的"设置"按钮,弹出"Internet 临时文件和历史记录设置"对话框,把"网页保存在历史记录中的天数"设置成 0,如图 6-20 所示,IE 就再也不会自动跟踪并记录打开过的网页了。可以在"历史记录"选项区域设置保存打开过的网页天数。

6.2.2 信息检索

1. 搜索引擎的使用

搜索引擎是 Internet 上的一类站点,它有自己的数据库,保存了 Internet 上很多网页的检索信息,并且不断地更新。当用户利用搜索引擎查找某个关键词时,所有在页面内容中包含了该关键词的网页都将作为搜索结果被搜索出来,再经过复杂的算法进行排序后,按照与搜索的关键词的相关度高低依次排列,呈现在结果网页中。最终网页列出的是指向相关网页的超链接,这些网页可能包含用户要查找的内容,用户通过阅读这些网页找到自己所需要的信息。

目前,常用的搜索引擎有 Google(http://www.google.com.hk)、百度(http://www.baidu.com)、雅虎(http://www.yahoo.com)等。下面介绍利用百度搜索引擎搜索"国家教

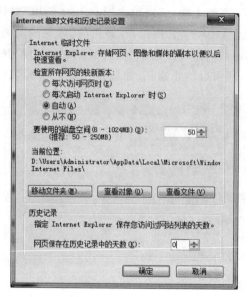

图 6-20 "Internet 临时文件和历史记录设置"对话框

育部计算机教育认证考试管理中心"的相关信息,并下载一份 VB 考试样卷。

(1) 在 IE 浏览器的地址栏中输入 http://www.baidu.com,按 Enter 键后,打开百度搜索引擎,如图 6-21 所示。

图 6-21 百度搜索引擎

(2) 在文本框中输入"国家教育部计算机教育认证考试管理中心",然后单击"百度一下"按钮,百度会搜索到大量关于"国家教育部计算机教育认证考试管理中心"的信息,如图 6-22 所示。

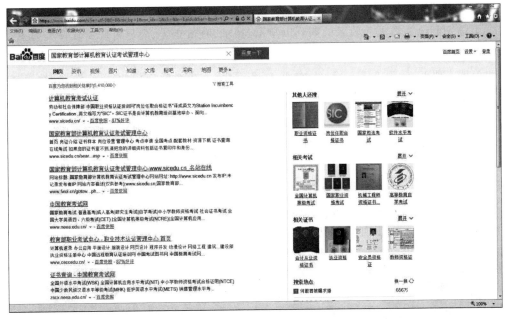

图 6-22 搜索到的信息

（3）单击需要的链接，打开国家教育部计算机教育认证考试管理中心网页，在"资源下载"栏目中选择"考试样卷"→"VB 考试样卷"，单击页面底部的"点击下载-1"链接，弹出"文件下载"对话框，单击"保存"按钮，将考试卷保存到自己的计算机上，如图 6-23 所示。

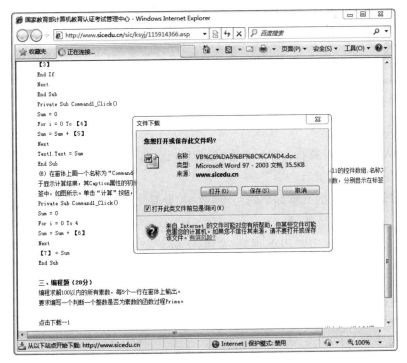

图 6-23 下载文件

2. 中国知网的使用

中国期刊全文数据库收录的期刊以学术、技术、政策指导、高等科普及教育类为主,同时收录部分基础教育、大众科普、大众文化和文艺作品类刊物。中国期刊全文数据库分为十大专辑:理工 A、理工 B、理工 C、农业、医药卫生、文史哲学、政治军事与法律、教育与社会科学综合、电子技术与信息科学、经济与管理。

登录中国知网(http://www.cnki.net),在该网站上搜索一篇关于计算机技术发展的学术论文,下载后查看该论文,操作过程如下:

(1) 启动 IE 浏览器,在地址栏中输入 http://www.cnki.net 后按 Enter 键,打开中国知网,如图 6-24 所示(如果是新用户,请单击"用户注册"按钮进行注册,然后再登录)。

图 6-24   中国知网主页

(2) 输入检索词"计算机发展",单击"检索"按钮,可以搜索到大量的关于计算机发展的文献资料,如图 6-25 所示。

(3) 选择符合要求的文章标题,打开超链接,查看文章的作者及其单位、文献的出处和摘要等信息,如图 6-26 所示。

(4) 单击"CAJ 下载"或"PDF 下载"按钮,下载该篇文章,保存到自己的计算机上,如图 6-27 所示。

(5) 下载后打开该文章,阅读全文内容,如图 6-28 所示。

图 6-25 搜索到的文献资料

图 6-26 查看文章信息

图 6-27 下载界面

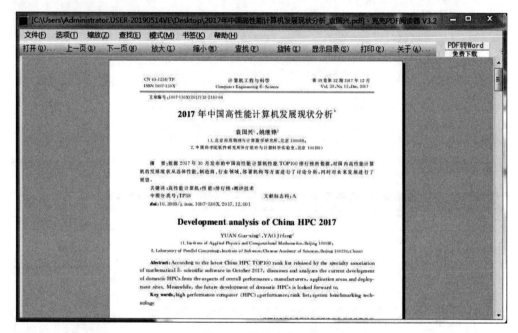

图 6-28 阅读文章内容

6.3 电子邮件的使用

6.3.1 电子邮箱的申请

要申请电子邮箱,首先登录邮箱提供商的网页,填写相关资料,确认申请。下面以申请 163 的免费电子邮箱为例,申请一个个人邮箱。

（1）打开网易主页,通过顶部的导航栏转到"免费邮",进入"163 网易免费邮"主页,如图 6-29 所示。

（2）单击"去注册"按钮,在"注册免费邮箱"页面中输入邮件地址、密码等相关信息,即可申请到一个免费邮箱,如图 6-30 所示。

图 6-29 "163 网易免费邮"主页

图 6-30 注册成功页面

6.3.2 电子邮箱的使用

有了电子邮箱后,下面利用电子邮箱给好友发送电子邮件,送上问候并将一篇介绍"漓江风景"的文件发给好友。操作过程如下:

（1）在"163 网易免费邮"主页中输入邮箱账号和密码，进入邮件管理服务页面，如图 6-31 所示。

图 6-31 邮件管理服务页面

（2）选择"写信"功能，输入收件人地址、主题和邮件内容，将要发送的文件用附件形式添加到邮件中，如图 6-32 所示。

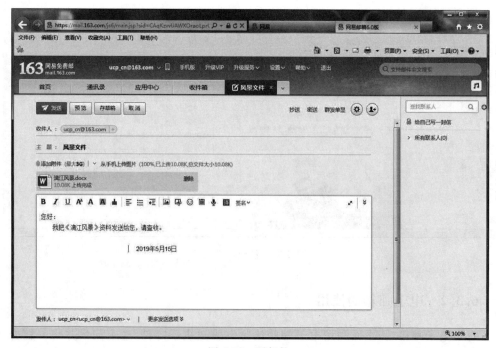

图 6-32 写邮件

（3）单击"发送"按钮，发送邮件，邮件发送成功后的页面如图 6-33 所示。

图 6-33　邮件发送成功页面

6.4　上　机　实　践

6.4.1　上机实践 1

（1）在局域网环境下的一台计算机上建立一个共享文件夹，然后再在工作组的其他计算机上浏览、使用该文件夹及其中的文件。

（2）在上机操作环境允许的条件下进行 TCP/IP 的属性设置；在可上网的环境下查看本机当前的 IP 地址。

6.4.2　上机实践 2

（1）IE 浏览器常用操作。

① 登录网易，将该网站主页设为自己的浏览器的主页，并将该网页保存为名为"网易"的网页文件。

② 将主页中的一幅图片保存为图片文件。

③ 将该网站中某个信息的内容保存到 Word 文档中。

④ 将网易主页保存到收藏夹中。

（2）搜索引擎的使用。利用百度搜索引擎搜索"国家教育部计算机教育认证考试管理中心"的相关信息，并下载一份 VB 考试样卷。

（3）在新浪网（http://www.sina.com.cn）上申请一个免费邮箱，用申请的免费邮箱给好友发送电子邮件。

6.4.3 上机实践 3

（1）登录搜狐网（http://www.sohu.com），查看网站上的信息。

① 将搜狐网主页设置成浏览器的主页。

② 将搜狐网主页保存成网页文件。

③ 下载网页中的内容与图片。

④ 将搜狐网主页添加到收藏夹中。

（2）利用百度搜索引擎搜索全国知名高校的信息，查看相关信息，记录各高校的网址，并添加到收藏夹中。

（3）利用中国知网查找一篇与自己的专业相关的论文并下载全文。

参 考 文 献

[1]　李昊.计算思维与大学计算机基础实验教程[M].北京：人民邮电出版社,2013.

[2]　冯元楒.计算机软件技术案例教程[M].北京：机械工业出版社,2011.

[3]　马冲.大学计算机应用基础实验指导[M].北京：中国铁道出版社,2011.

[4]　石永福.大学计算机基础实验教程[M].2版.北京：清华大学出版社,2014.

[5]　王军委.Access 数据库应用基础教程[M].北京：清华大学出版社,2012.

[6]　余婕.电脑故障排查实例[M].重庆：重庆音像出版社,2013.

[7]　马震.Flash 动画制作案例教程[M].北京：人民邮电出版社,2010.

[8]　潘明.大学计算机基础与实验指导[M].北京：清华大学出版社,2010.

[9]　唐有明.Flash CS3 中文版标准教程[M].北京：清华大学出版社,2010.

[10]　静怀宇.中文版 Photoshop CS5 实用教程[M].北京：人民邮电出版社,2012.

[11]　何桥.办公自动化案例教程[M].北京：中国铁道出版社,2010.

[12]　薛芳.精通 Windows 7 中文版[M].北京：清华大学出版社,2012.

[13]　缪亮.计算机常用工具软件实用教程[M].北京：清华大学出版社,2011.

[14]　教育部考试中心.全国计算机等级考试网站[EB/OL]. http://www.ncre.cn/.

[15]　北京雄鹰教育科技股份有限公司.考试吧[EB/OL]. http://www.exam8.com/.

[16]　中国社会科学院.中国社会科学网[EB/OL]. http://www.cssn.cn/.

[17]　广东风起科技有限公司.华军软件园[EB/OL]. http://www.onlinedown.net/.

[18]　中国科学院.中国科学院网站[EB/OL]. http://www.cas.cn/.

[19]　微软公司.微软中国网站[EB/OL]. https://www.microsoft.com/zh-cn/.

[20]　中国计算机世界出版服务公司.网界网[EB/OL]. http://www.cnw.com.cn/.

图书资源支持

感谢您一直以来对清华版图书的支持和爱护。为了配合本书的使用,本书提供配套的资源,有需求的读者请扫描下方的"书圈"微信公众号二维码,在图书专区下载,也可以拨打电话或发送电子邮件咨询。

如果您在使用本书的过程中遇到了什么问题,或者有相关图书出版计划,也请您发邮件告诉我们,以便我们更好地为您服务。

我们的联系方式:

地　　址:北京市海淀区双清路学研大厦 A 座 701

邮　　编:100084

电　　话:010-62770175-4608

资源下载:http://www.tup.com.cn

客服邮箱:tupjsj@vip.163.com

QQ:2301891038(请写明您的单位和姓名)

用微信扫一扫右边的二维码,即可关注清华大学出版社公众号"书圈"。

资源下载、样书申请

书圈

扫一扫,获取最新目录

质检5